普通高等教育应用型本科“十三五”规划教材

电子实训教程

鲍宁宁　王素青　编著
卢家凰　参编

国防工業出版社
·北京·

内 容 简 介

本书是电子类专业“电工电子实习”“教学实践”等课程的配套教材,根据电子类专业对实习实践的基本要求,结合作者多年实践教学的经验,以培养学生动手能力和提高学生创新水平而编写。本书详细介绍了常用电子元器件及其检测方法、手工焊接技术、印制电路板的设计与制作,最后结合几个比较典型及实用性较强的电子产品制作实例,介绍了几种不同的电子产品的安装与调试方法。

本书内容覆盖知识面广,实践性极强,产品制作新颖有趣,制作、调试实用可靠,可作为高等院校及职业类院校电子类、电气类、自动化类及其他相近专业电工电子实习、教学实践的教材,也可作为相关从业人员的培训参考书。

图书在版编目(CIP)数据

电子实训教程/鲍宁宁,王素青编著. —北京:国防工业出版社,2016.11
普通高等教育应用型本科“十三五”规划教材
ISBN 978-7-118-11038-8

Ⅰ.①电… Ⅱ.①鲍… ②王… Ⅲ.①电子技术-高等学校-教材 Ⅳ.①TN

中国版本图书馆 CIP 数据核字(2016)第280934号

※

国防工业出版社出版发行
(北京市海淀区紫竹院南路23号 邮政编码100048)
天利华印刷装订有限公司印刷
新华书店经售

*

开本787×1092 1/16 印张9 字数205千字
2016年11月第1版第1次印刷 印数1—4000册 定价23.00元

国防书店:(010)88540777 发行邮购:(010)88540776
发行传真:(010)88540755 发行业务:(010)88540717

前　言

“教学实践”是电子类、电气类、自动化类及其他相近专业的必修课程，是在学习完相关理论知识后，理论结合实际，培养学生实际操作技能的实践教学环节。本书旨在通过电子实训，一方面加强学生对部分电类基础课程，如“数字电路”“模拟电路”“单片机”“高频电子线路”等课程中理论知识的深入理解；另一方面通过实训产品的制作，帮助学生掌握电子产品的生产与制作过程，培养学生动手能力和提高学生的创新水平。

根据电子产品生产与制作的过程，本书详细介绍了常用电子元器件及其检测方法，根据电子产品的制作过程，重点介绍了手工焊接技术和印制电路板的设计与制作，最后结合几个比较典型和实用性较强的电子产品制作实例，介绍了几种不同的电子产品的安装与调试方法。

本书共分4章。第1章详细介绍了常用电子元器件及其检测方法。第2章涵盖了手工焊接技术的全部内容，包括锡焊的要领及过程，焊接工具特别是电烙铁的特点及使用方法；针对学生初学的特点，以图文的形式介绍了手工焊接的基本方法和焊接的质量要求。第3章介绍了印制电路板的设计要求和印制电路板设计的详细过程，还将不同类型的印制电路板的制造工艺列入本章，以满足不同读者的不同设计制作的要求。第4章结合现代先进的实践教学方法，精心选择了5个实践项目进行介绍，这5个实践项目都是编者亲自实践验证过的，具有代表性，与生活密切相关，读者完全可以参照教材说明进行制作和调试。

本书具有以下突出特色：

（1）内容丰富新颖，覆盖了教学实践的相关知识点，理论和实践有机结合，不仅适合有一定理论和实践基础的读者，也适合对电子设计感兴趣的初学者。

（2）为了便于读者理解，更加真实地反映器件外形、工具操作和制作过程等，书中采用了大量的配图，图文并茂、生动有趣。

（3）配有制作实例，可操作性较强，与时俱进，教材中制作的电子产品实用性强，具有实际应用价值。

本书由鲍宁宁、王素青、卢家凰共同编写，共分4章。第2章、第3章的3.1、3.2.1、3.2.2、3.2.3、3.2.4、3.3和第4章的4.5由鲍宁宁编写，第1章的1.1、1.2、1.3、1.4、1.5和第4章的4.1、4.2、4.3、4.4由王素青编写，第1章的1.6和第3章的3.2.5、3.2.6由卢家凰编写，全书由鲍宁宁统稿。

本书在编写过程中得到了许多专家和老师的大力支持与帮助，他们对教材的编写提出了宝贵的意见，在此表示衷心的感谢。

由于编者水平有限，书中错误及不足之处在所难免，恳请读者批评指正，并请与我们联系。联系邮箱为 wsq0214@ nuaa. edu. cn。

编者

2016年3月

目　录

第 1 章　常用电子元器件

电子电路主要是由电子元器件组成的,常用的电子元器件包括电阻器、电容器、电感器、半导体器件(二极管、晶体管、场效应管)和集成电路等。

1.1　电 阻 器

电阻器是电子电路中应用最广泛的一种元器件,简称电阻。电阻在电路中的主要用途有降压、分压、限流、分流、负载和阻抗匹配等。

常用电阻器的电路符号如图 1.1.1 所示。

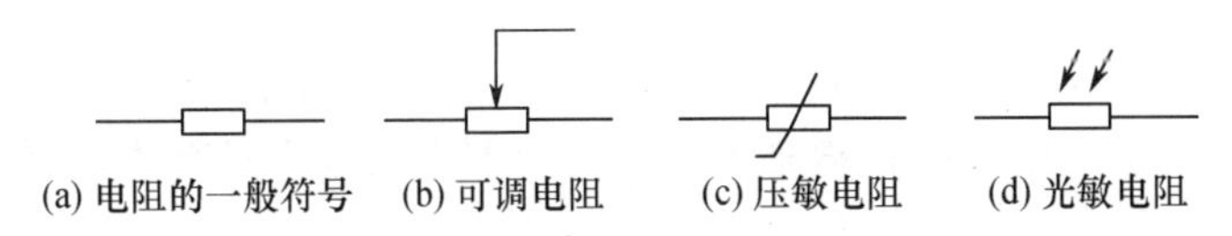

图 1.1.1　电阻器的电路符号

电阻的国际单位是欧姆,用 Ω 表示,除欧姆外,还有千欧(kΩ)、兆欧(MΩ)等。它们之间换算关系为 $1M\Omega = 1000k\Omega = 10^6\Omega$。

1.1.1　电阻器的分类

电阻器种类繁多,形状各异,有多种分类方法,分别如下。

(1) 按结构形式分类。电阻器按结构形式分为固定电阻器和可变电阻器两大类。可变电阻器包含有滑线变阻器和电位器。

(2) 按形状分类。电阻器按形状分为圆柱形、管形、片状形、钮形、马蹄形、块形等。

(3) 按制作材料分类。电阻器按制作材料分为线绕电阻器、碳膜电阻器、金属膜电阻器、水泥电阻器等。

(4) 按用途分类。电阻器按用途分为普通型电阻器、精密型电阻器、高阻型电阻器、高压型电阻器、高频型电阻器、敏感型电阻器等。

(5) 按安装方式分类。电阻器按安装方式分为插件电阻器和贴片电阻器。

(6) 按引线形式分类。电阻器按引线形式分为轴向引线型、同向引线型、径向引线型和无引线型。

下面分别介绍几种常用的电阻器。

1. 碳膜电阻器

碳膜电阻器是应用最早的一种膜式电阻器。它是由碳氢化合物在真空中通过高温蒸发分解,在陶瓷骨架表面上沉积成炭结晶导电膜制成的。该电阻器的特点是阻值稳定性好、噪声低、阻值范围较宽、价格较便宜。它既可制成小至几欧的低值电阻器,也可制成几十兆欧的高阻电阻器。碳膜电阻器一般用于精度和温度稳定性要求不高的普通电路中。

2. 金属膜电阻器

金属膜电阻器的外形及结构与碳膜电阻器相似,不同的是金属膜电阻器是在陶瓷骨架表面,经真空高温或烧渗工艺蒸发沉积一层金属膜或合金膜而成的。金属膜电阻器的性能比碳膜电阻器好,主要体现在耐热性能高(能在125℃下长期工作)、工作频率范围宽、精度高、稳定性好、噪声低、体积小、高频特性好等方面,广泛应用在精密仪器仪表等电子产品中。在同样的功率条件下,其体积只有碳膜电阻器的1/2左右。

3. 线绕电阻器

线绕电阻器是将高阻值的康铜电阻丝或镍铬合金丝绕在瓷管上,外层涂以珐琅或玻璃釉加以保护而成的。线绕电阻器可分为固定式和可调式两种,具有高稳定性、高精度、大功率、耐高温等优点,但不足是自身电感和分布电容比较大,不能用于高频电路。

4. 贴片电阻器

贴片电阻器是在高纯陶瓷(氧化铝)基板上采用丝网印刷金属化玻璃层的方法制成的,通过改变金属化玻璃的成分,得到不同的电阻器阻值。它具有体积小、重量轻、电性能稳定、机械强度高、高频特性好等特点。

5. 光敏电阻器

光敏电阻器是一种电导率随吸收的光量子多少而变化的敏感电阻器。它是利用半导体的光电效应特性而制成的,在无光照射时呈高阻状态,当有光照射时其电阻值迅速减小。

6. 热敏电阻器

热敏电阻器是用一种对温度极为敏感的半导体材料制成的,其阻值随温度变化的非线性元件。电阻值随温度升高而变小的称为负温度系数热敏电阻器;电阻值随温度升高而增大的称为正温度系数热敏电阻器。

1.1.2 电阻器的主要参数

1. 标称阻值

标称阻值是指电阻器上面所标示的阻值。不同精度等级的电阻器,其阻值系列不同。标称阻值是按国家规定的电阻器标称阻值系列选定的,如表1.1.1所列,表中的数值再乘以10^n(n为整数)。

表1.1.1 电阻器的标称阻值系列

标称阻值系列	允许误差/%	精度等级	电阻器标称值
E24	±5%	Ⅰ	1.0、1.1、1.2、1.3、1.5、1.6、1.8、2.0、2.2、2.4、2.7、3.0、3.3、3.6、3.9、4.3、4.7、5.1、5.6、6.2、6.8、7.5、8.2、9.1
E12	±10%	Ⅱ	1.0、1.2、1.5、1.8、2.2、2.7、3.3、3.9、4.7、5.6、6.8、8.2
E6	±20%	Ⅲ	1.0、1.5、2.2、3.3、4.7、6.8

2. 允许误差

电阻器的允许误差是指电阻器的实际阻值对于标称阻值的允许最大误差范围,它标志着电阻器的阻值精度。普通电阻器的允许误差有 ±5% 、±10% 、±20% 等 3 个等级。精密电阻器的允许误差可分为 ±2% 、±1% 、±0. 5% 、…、±0. 001% 等十几个等级。电阻器的允许误差越小,精度越高。

3. 额定功率

电阻器的额定功率是指在规定的环境温度中允许电阻器承受的最大功率,即在此功率范围内,电阻器可以长期、稳定地工作,不会显著改变其性能,不会损坏。一般选择额定功率比实际功率大 1 ~2 倍的电阻。

线绕电阻器额定功率(W)系列为 1/20、1/8、1/4、1/2、1、2、4、8、12、16、25、40、50、75、100、150、250、500。

非线绕电阻器额定功率(W)系列为 1/20、1/8、1/4、1/2、1、2、3、5、10、25、50、100。

非线绕电阻器额定功率的表示符号如图 1. 1. 2 所示,可以看出,额定功率在 1W 以上用罗马数字表示。

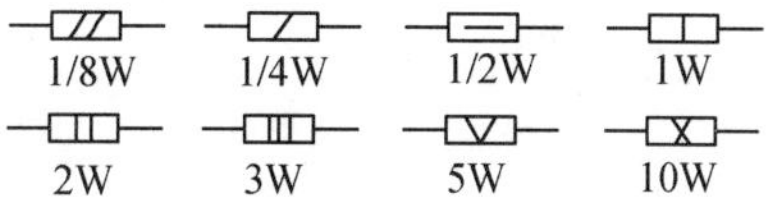

1/8W 1/4W 1/2W 1W

2W 3W 5W 10W

图 1. 1. 2 非线绕电阻器额定功率的表示符号

4. 额定电压和极限电压

额定电压:由阻值和额定功率换算出的电压,即 $U = \sqrt{P \times R}$。

极限电压:电阻两端电压增加到一定数值时,会发生电击穿现象,使电阻损坏,这个电压即为电阻的极限电压。

5. 温度系数

温度系数是指温度每变化 1℃ 所引起的电阻值的相对变化。温度系数越小,电阻的稳定性越好。阻值随温度升高而增大的为正温度系数;反之则为负温度系数。

6. 老化系数

老化系数是指电阻器在额定功率长期负荷下阻值相对变化的百分数,它是表示电阻器寿命长短的参数。

1.1.3 电阻器的命名及标注方法

1. 电阻器的命名

根据部颁标准(SJ -73)规定,国产电阻器、电位器的命名由四部分组成,第一部分用字母表示主称,第二部分用字母表示材料,第三部分用数字或字母表示分类,第四部分用数字表示序号,序号表示同类产品中的不同品种,以区分产品的外形尺寸和性能指标等。其符号和意义如表 1. 1. 2 所列。

表 1.1.2　电阻器的型号及意义

第一部分		第二部分		第三部分		第四部分
用字母表示主称		用字母表示材料		用数字或字母表示分类		用数字表示序号
符号	意义	符号	意义	符号	意义	
R	电阻器	T	碳膜	1	普通	包括:序号、额定功率、阻值、允许误差、精度等级
W	电位器	P	硼碳膜	2	普通	
		U	硅碳膜	3	超高频	
		H	合成膜	4	高阻	
		I	玻璃釉膜	5	高温	
		J	金属膜	7	精密	
		Y	氧化膜	8	高压	
		S	有机实芯	9	特殊	
		N	无机实芯	G	高功率	
		X	线绕	T	可调	
		R	热敏	X	小型	
		G	光敏	L	测量用	
		M	压敏	W	微调	
				D	多圈	

2. 电阻器的标注方法

电阻器的阻值和允许误差的标注方法有直标法、色标法、文字符号法和数码法。

1）直标法

直标法是指将电阻器的阻值和允许误差直接用数字和字母印在电阻上(无误差标示,则误差均为±20%)。误差标示有时用罗马数字Ⅰ、Ⅱ、Ⅲ表示,误差分别为±5%、±10%、±20%。

2）色标法

色标法也称为色环标注法,是用不同颜色的色环把电阻器的参数(标称阻值和允许误差)直接标注在电阻器表面上的一种方法。小功率电阻器尤其是0.5W以下的碳膜和金属膜电阻器大多数使用色标法。

电阻器的色环标注有四环标注和五环标注。四环电阻器比五环电阻器误差大。四环电阻器一般用于普通电子产品上,而五环电阻器一般都是金属氧化膜电阻,主要用于精密设备或仪器上。

电阻器色环表示的含义如图1.1.3所示。电阻器色环颜色所代表的数字或意义如表1.1.3所列。

色环电阻器的识别步骤如下。

(1) 判别色环排列顺序,找到误差环,将误差环作为尾环(即四环电阻器的第四环、五环电阻器的第五环)。

① 金色和银色只能是倍率和允许误差,一定作为尾环放在最右边。

② 表示允许误差的色环宽度比别的色环宽度稍微宽一点,和别的色环间距偏大。

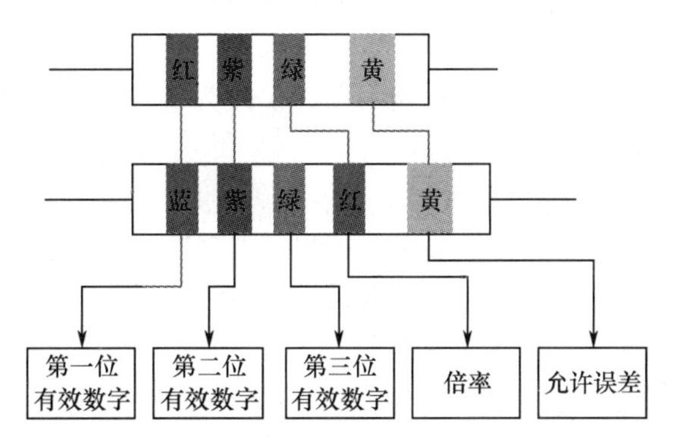

图 1.1.3 电阻器色环表示的含义

表 1.1.3 电阻器色环颜色所代表的数字或意义

颜色	第一位有效数字	第二位有效数字	第三位有效数字	倍率	允许误差/%
黑	0	0	0	10^0	
棕	1	1	1	10^1	±1%
红	2	2	2	10^2	±2%
橙	3	3	3	10^3	
黄	4	4	4	10^4	
绿	5	5	5	10^5	±0.5%
蓝	6	6	6	10^6	±0.25%
紫	7	7	7	10^7	±0.1%
灰	8	8	8	10^8	
白	9	9	9	10^9	
金				10^{-1}	±5%
银				10^{-2}	±10%

（2）根据色环颜色找出对应所代表的有效数字和倍率。

（3）读出电阻器的电阻值。

例如，四环电阻器的第一、二、三、四道色环分别为棕、绿、红、金色，则首先判断出金色环为该电阻的误差环，误差为 ±5%，阻值为 $15\times10^2\Omega=1500\Omega=1.5\text{k}\Omega$。

例如，五环电阻器的第一、二、三、四、五道色环分别为绿、棕、黑、红、银色，则首先判断出银色环为该电阻的误差环，误差为 ±10%，阻值为 $510\times10^2\Omega=51000\Omega=51\text{k}\Omega$。

3）文字符号法

文字符号法是将电阻器的主要参数用数字和文字符号有规律地组合起来印制在电阻器表面上的一种方法。电阻器的允许误差也用文字符号表示，文字符号所对应的允许误差如表 1.1.4 所列。

表 1.1.4 文字符号所对应的允许误差表

文字符号	D	F	G	J	K	M
允许误差/%	±0.5	±1	±2	±5	±10	±20

文字符号法表示的形式:整数部分 + 阻值单位符号(Ω、k、M) + 小数部分 + 允许误差。

例如,2k7K 表示 2.7kΩ ±10%(K 表示允许误差为 ±10%);3M9J 表示 3.9MΩ ±5%(J 表示允许误差为 ±5%)。

4) 数码法

数码法是用3位数字表示阻值大小的一种标示方法。从左到右,第一、第二位数为电阻器阻值的有效数字,第三位则表示有效数字后面应加“0”的个数。允许误差通常采用文字符号表示,其对应关系如表1.1.4所列。

例如,102M 表示 1kΩ ±20%(M 表示允许误差为 ±20%);561J 表示 560Ω ±5%(J 表示允许误差为 ±5%)。

1.1.4 电阻器的检测与选用

1. 电阻器的检测

对于普通电阻器,其检测方法如下。

(1) 根据电阻器上的色环标示或文字标示读出该电阻器的标称阻值。

(2) 将数字万用表挡位调至欧姆挡,根据电阻器的标称阻值确定量程。

(3) 将数字万用表的红、黑表笔分别搭在被测电阻两个引脚上,观察万用表的读数,若读数和电阻器的标称阻值接近,在允许偏差范围内,则表明被测电阻器正常;若两者误差很大,则说明被测电阻器不良,需再次测量,确定测量结果。

2. 电阻器的选用

固定电阻器有多种类型,选择哪一种材料和结构的电阻器,应根据电路的具体要求而定。

高增益、小信号放大电路应选用低噪声电阻器,如金属膜电阻器、碳膜电阻器和线绕电阻器,而不能使用噪声较大的合成碳膜电阻器和有机实芯电阻器。高频电路应选用分布电感和分布电容小的非线绕电阻器,如碳膜电阻器和金属膜电阻器等。

电阻器的阻值应选择接近电路中计算的标称值,优先选用标准系列的电阻器。一般电路使用的电阻器允许误差为 ±5% ~ ±10%。精密仪器及特殊电路中应选用精密电阻器。所选电阻器的额定功率要符合电路中对电阻器功率容量的要求,一般不要随意改变电阻器的功率。

1.2 电位器

电位器是一种可调电阻器,它对外有3个引出端,其中两个为固定端,另一个是中心抽头(也叫可调端)。转动或调节电位器转轴,其中心抽头与固定端之间的阻值会发生变化。电位器的电路符号如图1.2.1所示。常用电位器的实物外形如图1.2.2所示。

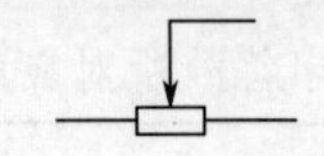

图1.2.1 电位器的电路符号

图 1.2.2　常用电位器的实物外形

1.2.1　电位器的分类

电位器种类很多,用途各不相同,有多种分类方法,分别如下。

1. 按制作材料分类

根据所用材料不同,电位器可分为线绕电位器和非线绕电位器两大类。

(1) 线绕电位器额定功率大、噪声低、温度稳定性好、寿命长;缺点是成本高、阻值范围小(100Ω ~ 100kΩ)、分布电感和分布电容大。线绕电位器在电子仪器中应用较多。

(2) 非线绕电位器有碳膜电位器、合成碳膜电位器、金属膜电位器、玻璃釉膜电位器、有机实芯电位器等。其优点是阻值范围宽、制作容易、分布电感和分布电容小;缺点是噪声大、额定功率小、寿命短。非线绕电位器广泛应用于收音机、电视机等家用电器中。

2. 按结构特点分类

根据结构不同,电位器可分为单圈、多圈电位器,单联、双联和多联电位器,带开关电位器,锁紧、非锁紧式电位器。

3. 按调节方式分类

根据调节方式不同,电位器可分为旋转式电位器和直滑式电位器两种类型。

1.2.2　电位器的主要参数

电位器的参数很多,主要有标称阻值、额定功率、极限电压、阻值变化规律等,其中前3项与电阻器基本相同。阻值变化规律是指电位器的阻值随转轴的旋转角度而变化的关系,变化规律可以是任何函数形式,常用的有直线式、指数式和对数式。

(1) 直线式电位器的阻值是随转轴的旋转均匀变化,并与旋转角度成正比。这种电位器适用于调整分压、偏流。

(2) 指数式电位器的阻值随转轴的旋转成指数规律而变化,一开始时阻值变化比较慢,以后随转角的加大,阻值变化逐渐加快。这种电位器适用于音量控制。

(3) 对数式电位器的阻值随转轴的旋转成对数关系变化,一开始阻值的变化较快,然后逐渐减慢。这种电位器适用于音调控制和电视机的对比度调整。

1.2.3 电位器的检测与选用

1. 电位器的检测

电位器的检测通常使用万用表进行测量,具体测量内容如下,符合其中3个条件的为好的;否则为坏的。

(1) 测量两固定端的阻值是否和标称阻值相符。

(2) 测量中心抽头到固定端的阻值是否随中心抽头的滑动而均匀变化。

(3) 若电位器带开关,理论上开关合上时电阻为零,断开时电阻为无穷大。

2. 电位器的选用

(1) 电位器结构和尺寸的选择

选用电位器时应注意尺寸大小、旋转轴柄的长短及轴上是否需要锁紧装置等。需要经常调节的电位器,应选择轴端铣成平面的,以便于安装旋钮;不经常调节的电位器,应选择轴端带有刻槽的,一经调节好就不需再变动的电位器;一般选择带锁紧装置的电位器。

选择电位器时需选用转轴旋转灵活、松紧适当、开关良好的。

(2) 电位器阻值变化特性的选择

应根据用途选择,用作分压器时,应选用直线式电位器;用作音量控制时,应选用指数式电位器或用直线式电位器代替,但不宜选用对数式电位器;用作音量调控器时应选用对数式电位器。

1.3 电 容 器

电容器是电子电路中常用的一种元器件,简称电容。电容是由两个金属电极、中间夹一层绝缘材料(电介质)构成。电容器是一种储能元件,在电路中具有隔断直流、通过交流的特性,可以完成滤波、旁路、极间耦合以及与电感线圈组成振荡回路等功能。

常用电容器的电路符号如图1.3.1所示。常用电容器的外形如图1.3.2所示。

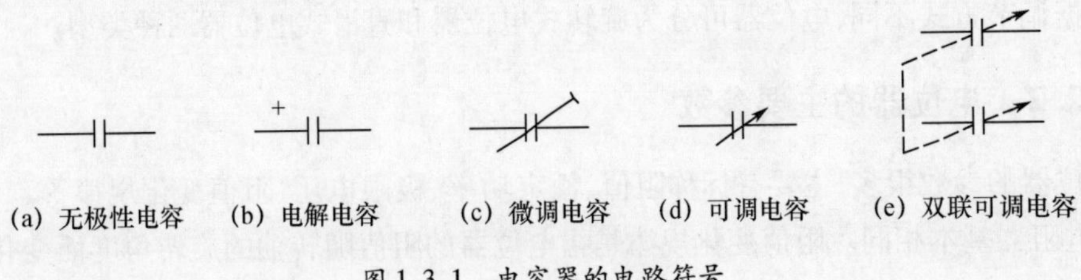

图1.3.1 电容器的电路符号

电容的国际单位是法拉,用F表示,常用的还有毫法(mF)、微法(μF)、纳法(nF)和皮法(pF)。它们之间换算关系为 $1\text{F} = 10^{3}\text{mF} = 10^{6}\mu\text{F} = 10^{9}\text{nF} = 10^{12}\text{pF}$。

图 1.3.2 常用电容器的外形

1.3.1 电容器的分类

电容器种类很多,有多种分类方法,分别如下。

(1) 按结构不同分类。电容器按结构不同分为三类,即固定电容器、可变电容器、半可变(微调)电容器。

(2) 按介质材料不同分类。电容器按介质材料不同可以分为有机介质电容器、无机介质电容器、电解电容器和气体介质电容器等。

① 有机介质电容器,包括纸介电容器、聚苯乙烯电容器、聚丙烯电容器、涤纶电容器等。

② 无机介质电容器,包括云母电容器、玻璃釉电容器、瓷介电容器等。

③ 电解电容器,包括铝电解电容器、钽电解电容器等。

④ 气体介质电容器,包括空气介质电容器、真空电容器。

下面介绍几种常用的电容器。

1. 纸介电容器

纸介电容器由极薄的电容器纸夹着两层金属箔,作为电极,并卷成圆柱芯子,放在模子里浇灌上火漆制成,也有装有铝壳或瓷管内加以密封的。其特点是价格低、损耗大、体积大,适宜用于低频电路。

2. 云母电容器

云母电容器由金属箔(锡箔),或喷涂银层和云母一层层叠合后,用金属模压铸在胶木粉中制成。其特点是耐压范围宽、体积小、绝缘性能好、性能稳定、精度高,但电容量小,适宜用于高频电路。

3. 瓷介电容器

瓷介电容器以陶瓷作为介质,在两面喷涂银气层,烧成银质薄膜做导体,引线后外表涂漆制成。其特点是绝缘性能好、体积小、耐高温、耐高压,适宜用于高频电路。

4. 电解电容器

电解电容器的介质是一层氧化膜,其阳极是附着在氧化膜上的金属极,阴极是液体、半液体和胶状的电解液。电解电容器按阳极材料不同可分为铝电解、钽电解、铌电解电容器。电解电容器按极性可分为有极性和无极性,使用较多的是有极性的铝电解电容器。铝电解电容器一般简称为电解电容器,其漏电流较其他电容器大很多,损耗也大,不宜在高频电路中应用。

1.3.2 电容器的主要参数

1. 标称容量与允许误差

标称容量是指标示在电容器外壳上的电容量数值。

允许误差是指标称容量与实际容量之间的偏差与标称容量之比的百分数。常用固定电容器的允许误差分8级,如表1.3.1所列。

表1.3.1 常用固定电容器的允许误差等级

级别	01	02	Ⅰ	Ⅱ	Ⅲ	Ⅳ	Ⅴ	Ⅵ
允许误差/%	±1	±2	±5	±10	±20	+20~-30	+50~-20	+100~-10

标称容量常用的标称系列和电阻器的相同,不同类别的电容器其标称容量系列也不同。常用固定电容器的标称容量系列如表1.3.2所列,表中的数值再乘以10^n(n为整数)。

表1.3.2 常用固定电容器的标称容量系列

电容类别	允许误差/%	容量范围	标称容量系列
纸介电容、金属化纸介电容、纸膜复合介质电容、低频(有极性)有机薄膜介质电容	±5 ±10 ±20	100pF~1μF	1.0、1.5、2.2、3.3、4.7、6.8
		1~100μF	1、2、4、6、8、10、15、20、30、50、60、80、100
高频(无极性)有机薄膜介质电容、瓷介电容、玻璃釉电容、云母电容	±5	1pF~1μF	1.1、1.2、1.3、1.5、1.6、1.8、2.0、2.4、2.7、3.0、3.3、3.6、3.9、4.3、4.7、5.1、5.6、6.2、6.8、7.5、8.2、9.1
	±10		1.0、1.2、1.5、1.8、2.2、2.7、3.3、3.9、4.7、5.6、6.8、8.2
	±20		1.0、1.5、2.2、3.3、4.7、6.8
铝、钽、铌、钛电解电容	±10 ±20 +50~-20 +100~-10	1~1000000μF	1.0、1.5、2.2、3.3、4.7、6.8(容量单位:μF)

2. 额定工作电压

电容器的额定工作电压是指在线路中能够长期可靠地工作而不被击穿所能承受的最大直流电压(又称耐压)。如果在交流电路中,所加的交流电压最大值不能超过电容的直流工作电压值。常用的固定电容器的直流工作电压系列为6.3V、10V、16V、25V、50V、63V、100V、250V、400V、500V、630V、1000V。

3. 绝缘电阻

电容器两极之间的介质不是绝对的绝缘体,它的电阻不是无限大,而是一个有限的数值,一般在1000MΩ以上。

电容器的绝缘电阻是指电容器两极之间的电阻,也称为漏电电阻,其大小是额定工作电压下的直流电压与通过电容器的漏电流的比值。绝缘电阻越小,漏电流就越大,电能损耗越多,这种损耗不仅影响电容器的寿命,而且会影响电路的工作。使用时应该选择绝缘电阻比较大的电容器。

1.3.3 电容器的命名及标注方法

1. 电容器的命名

根据部颁标准(SJ－73)规定,国产电容器的命名由四部分组成,第一部分用字母表示主称,第二部分用字母表示介质材料,第三部分用数字或字母表示分类,第四部分用数字表示序号。其符号和意义如表1.3.3所列。

表1.3.3 电容器的型号及意义

<table>
<tr><td colspan="2">第一部分</td><td colspan="2">第二部分</td><td colspan="5">第三部分</td><td>第四部分</td></tr>
<tr><td colspan="2">用字母表示主称</td><td colspan="2">用字母表示介质材料</td><td colspan="5">用数字或字母表示分类</td><td>序号</td></tr>
<tr><td rowspan="2">符号</td><td rowspan="2">意义</td><td rowspan="2">符号</td><td rowspan="2">意义</td><td rowspan="2">符号</td><td colspan="4">意义</td><td rowspan="19">用数字表示序号,以区别电容器的外形尺寸及性能指标</td></tr>
<tr><td>瓷介电容</td><td>云母电容</td><td>有机电容</td><td>电解电容</td></tr>
<tr><td rowspan="17">C</td><td rowspan="17">电容器</td><td>A</td><td>钽电解</td><td>1</td><td>圆形</td><td>非密封</td><td>非密封</td><td>箔式</td></tr>
<tr><td>B</td><td>聚苯乙烯</td><td>2</td><td>管形</td><td>非密封</td><td>非密封</td><td>箔式</td></tr>
<tr><td>C</td><td>瓷介</td><td>3</td><td>叠片</td><td>密封</td><td>密封</td><td>烧结粉,非固体</td></tr>
<tr><td>D</td><td>铝电解</td><td>4</td><td>独石</td><td>密封</td><td>密封</td><td>烧结粉,固体</td></tr>
<tr><td>E</td><td>其他材料</td><td>5</td><td>穿心</td><td></td><td>穿心</td><td></td></tr>
<tr><td>G</td><td>合金电解</td><td>6</td><td>支柱等</td><td></td><td></td><td></td></tr>
<tr><td>H</td><td>纸膜复合</td><td>7</td><td></td><td></td><td></td><td>无极性</td></tr>
<tr><td>I</td><td>玻璃釉</td><td>8</td><td>高压</td><td>高压</td><td>高压</td><td></td></tr>
<tr><td>J</td><td>金属化纸介</td><td>9</td><td></td><td></td><td>特殊</td><td>特殊</td></tr>
<tr><td>L</td><td>涤纶等极性有机薄膜</td><td>G</td><td colspan="4">高功率型</td></tr>
<tr><td>N</td><td>铌电解</td><td>T</td><td colspan="4">叠片式</td></tr>
<tr><td>O</td><td>玻璃膜</td><td>W</td><td colspan="4">微调型</td></tr>
<tr><td>Q</td><td>漆膜</td><td>J</td><td colspan="4">金属化型</td></tr>
<tr><td>T</td><td>低频陶瓷</td><td>Y</td><td colspan="4">高压型</td></tr>
<tr><td>V</td><td>云母纸</td><td></td><td colspan="4"></td></tr>
<tr><td>Y</td><td>云母</td><td></td><td colspan="4"></td></tr>
<tr><td>Z</td><td>纸介</td><td></td><td colspan="4"></td></tr>
</table>

2. 电容器的标注方法

电容器的标注方法有直标法、文字符号法、数码法和色标法。

1) 直标法

直标法是指将电容器的容量、耐压和允许误差等主要参数直接标注在电容器外壳表面上。其中,允许误差一般用字母表示,分别为J(±5%)、K(±10%)、M(±20%)等。有的电容器由于体积小,习惯上省略其单位,省略时应遵循以下规则。

(1) 凡不带小数点的整数,若无单位标志,则表示 pF,如 3300 表示 3300pF。

(2) 凡带小数点的数值,若无单位标志,则表示 μF,如 0.47 表示 0.47μF。

(3) 许多小型固定电容器,如瓷介电容器,其耐压均在 100V 以上,由于体积小,可以不标注耐压。

(4) 当容量小于 10000pF 时,用 pF 作单位;当容量大于 10000pF 时,用 μF 作单位。

2) 文字符号法

文字符号法是将电容器的参数用文字和数字符号有规律地组合起来印制在电容器表面上的一种方法。标注方法:整数 + 单位符号(p、n、μ) + 小数部分。

例如,2p2 表示容量为 2.2pF;4μ7 表示容量为 4.7μF。

3) 数码法

数码法是用 3 位数字表示电容量大小的一种标示方法。从左到右,第一、第二位数为电容器电容量的有效数字,第三位则表示有效数字后面应加"0"的个数(特例,当第三位数字为 9 时则表示 10^{-1}F)。

例如,10^3 表示容量为 10000pF;229 表示容量为 22×10^{-1}pF。

4) 色标法

电容器的色标法和电阻器的色标法相似,单位为 pF。

1.3.4 电容器的检测与选用

1. 电容器的检测

对于电解电容器,其检测方法如下。

1) 正、负极性的判别

有极性电解电容器的外壳上,通常有一颜色较浅的色带,标有" - "对应的引脚为负极;未剪管脚的电解电容器,长引脚为正极,短引脚为负极。对于标志不清的电解电容器,可以根据电解电容器反向漏电流比正向漏电流大这一特性,通过用指针式万用表 $R \times 10k\Omega$ 挡测量电容器两端的正、反向电阻值来判别;当表针稳定时,比较两次所测电阻值的大小,在阻值较大的一次测量中,黑表笔所连接的是电容器的正极,红表笔所连接的是电容器的负极。

2) 漏电电阻的测量

将指针式万用表置于 $R \times 100\Omega$ 挡或 $R \times 1k\Omega$ 挡(一般情况下,1 ~ 47μF 的电容,万用表选用 $R \times 1k\Omega$ 挡,大于 47μF 的电容选用 $R \times 100\Omega$ 挡),黑表笔连接电解电容器的正极,红表笔连接电解电容器的负极(电解电容测试前应先将正、负极短路放电)。万用表指针应顺时针摆动,然后逆时针慢慢返回∞处,容量越大,摆动幅度越大。万用表指针静止时的指示值就是被测电容的漏电电阻,此值越大电容器的绝缘性能越好,质量好的电容漏电电阻很大,在几百兆欧以上。在测量过程中,静止时指针距∞较远或指针退回到∞处又顺时针摆动,这都说明电容漏电严重。若指针在 0 处始终不动,则说明该电解电容已击穿损坏。

2. 电容器的选用

电容器的正确选用,对确保电路的性能和质量非常重要,一般应遵循以下几点。

1) 选择合适的类型

电源滤波、去耦电路可选用铝电解电容器;低频耦合、旁路电路选用纸介和电解电容器;中频电路可选用金属化纸介和有机薄膜电容器;高频电路应选用云母电容器及 CC 型瓷介电容器;调谐电路可选用小型密封可变电容器或空气介质电容器等。

2）选择合适的电容器主要参数

选择电容器时,首先应使电容器的主要参数满足电路的设计要求,主要参数包括标称容量、允许误差和额定工作电压等;其次要优先选用绝缘电阻大、介质损耗小、漏电流小的电容器。

3）合理选择电容器的精度

在旁路、去耦及低频耦合电路中,可根据设计值,选用相近容量或容量略大的电容器。在振荡回路、延时电路及音调控制电路中,电容器的容量则应尽可能和计算值一致。在某些滤波网络中,应选用高精度的电容器。

4）一般电容器的工作电压应低于额定电压的 10% ~20% 。

1.4 电感器

电感器简称电感,是依据电磁感应原理,利用漆包线在绝缘骨架上绕制而成的一种能够存储磁场能量的电子元器件。电感器在电路中具有通过直流、隔断交流的特性,广泛应用于调谐、振荡、滤波、耦合和补偿等电路中。

常用电感器的电路符号如图 1.4.1 所示。常用电感器的外形如图 1.4.2 所示。

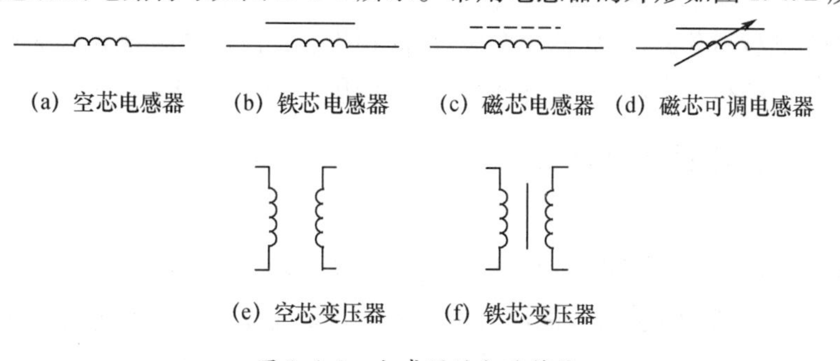

图 1.4.1　电感器的电路符号

图 1.4.2　常用电感器的外形

电感的国际单位是亨利,用 H 表示,常用的还有毫亨(mH)和微亨(μH)。它们之间换算关系为 $1\text{H} = 10^3\text{mH} = 10^6\mu\text{H}$。

1.4.1 电感器的分类

电感器通常分为两大类:一类是应用于自感作用的电感线圈;另一类是应用于互感作用的变压器。

1. 电感线圈的分类

(1) 按电感量变化情况分类,有固定电感、可变电感和微调电感。

(2) 按导磁体性质分类,有空芯线圈、铁芯线圈和磁芯线圈等。

(3) 按绕制结构特点分类,有绕制电感(单层线圈、多层线圈、蜂房线圈)、平面电感(印制电感、片状电感)。

(4) 按工作频率分类,有低频电感、中频电感和高频电感。

(5) 按功能分类,有振荡线圈、扼流线圈、耦合线圈、校正线圈和偏转线圈。

2. 变压器的分类

变压器是利用两个绕组的互感原理来传递交流电信号和电能的,同时起变换前后级阻抗的作用。

(1) 按用途分类,有电源变压器、隔离变压器、调压器、输入/输出变压器(音频变压器、中频变压器、高频变压器)和脉冲变压器。

(2) 按导磁材料分类,有硅钢片变压器、低频磁芯变压器和高频磁芯变压器。

(3) 按铁芯形状分类,有 E 形变压器、C 形变压器、R 形变压器和 O 形变压器。

1.4.2 电感器的主要参数

1. 电感量

电感量的大小与线圈匝数、直径、内部有无磁芯、绕制方式等有关。线圈圈数越多,绕制的线圈越密集,电感量越大;线圈内有磁芯的电感量比无磁芯的大,磁芯磁导率越大,电感量越大。

2. 品质因数

品质因数是衡量电感线圈质量的重要参数,用字母 Q 表示。Q 值的大小表明线圈损耗的大小,Q 值越大,线圈的损耗越小,效率越高,选择性越好,一般要求 $Q = 50 \sim 300$。品质因数 Q 在数值上等于线圈在某一频率的交流电压工作时,线圈所呈现的感抗和线圈直流电阻的比值,即

$$Q = \frac{\omega L}{r} \tag{1.4.1}$$

式中:ω 为工作角频率;L 为线圈的电感量;r 为线圈的直流电阻。

为提高电感线圈的品质因数,可以采用镀银导线、多股绝缘线绕制线匝,使用高频陶瓷骨架及磁芯。

3. 分布电容

线圈匝与匝之间具有电容,这一电容称为分布电容。此外,屏蔽层之间,多层绕组的层与层之间,绕组与底板间也都存在着分布电容。分布电容的存在使线圈的 Q 值下降,

稳定性变差。为减小分布电容,可减小线圈骨架的直径,用细导线绕制线圈,绕制时采用间绕法、蜂房式绕法。

4. 额定电流

额定电流是指电感器正常工作时,允许通过的最大电流。若工作电流大于额定电流,电感器会因发热而改变性能参数,严重时会烧毁。

1.4.3 电感器的命名及标注方法

1. 电感器的命名

常见国产电感器的型号一般由下列四部分组成,如图 1.4.3 所示。

第一部分:主称,用字母表示,其中 L 表示电感线圈,ZL 表示阻流圈。

第二部分:特征,用字母表示,其中 G 表示高频,低频一般不标。

第三部分:型号,用字母或数字表示,其中 X 表示小型,1 表示轴向引线(卧式),2 表示同向引线(立式)。

第四部分:区别代号,用字母或数字表示,一般不标。

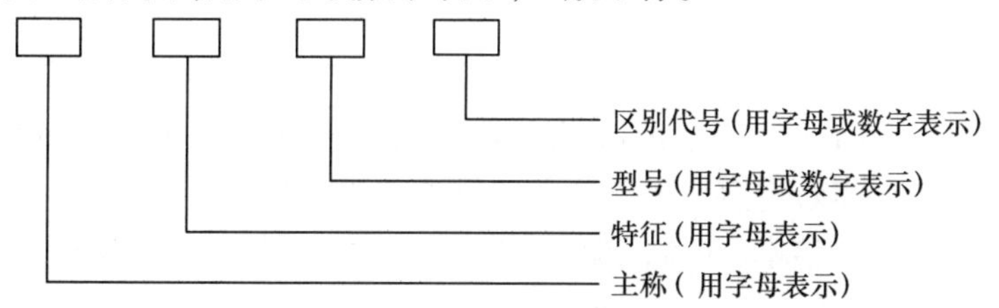

图 1.4.3 电感器的型号命名

2. 电感器的标注方法

电感器的标注方法有直标法、文字符号法、数码法和色标法。

1)直标法

直标法是在小型电感器的外壳上直接用文字标出电感器的主要参数,如电感量、允许误差和额定电流等。其中,电感量的允许误差用Ⅰ、Ⅱ、Ⅲ表示,分别代表误差为 ±5%、±10%、±20%。额定电流常用字母 A、B、C、D、E 等标注,字母和额定电流的对应关系如表 1.4.1 所列。

表 1.4.1 小型固定电感器的额定电流和字母的对应关系

字母	A	B	C	D	E
额定电流/mA	50	150	300	700	1600

例如,电感器的外壳上标有 3.9mH、A、Ⅱ等字样,表示电感量为 3.9 mH,额定电流为 50mA,允许误差为 ±10%。

2)文字符号法

文字符号法是将电感器的标称值和允许误差用数字和文字符号按一定规律组合标注在电感器的外壳上。采用这种标注法的通常是一些小功率电感器,单位为 nH 或 μH。当单位为 μH 时,"R"表示小数点;当单位为 nH 时,"N"表示小数点。

采用这种标示方法的电感器,通常后缀一个英文字母表示允许误差,各字母所对应的允许误差如表 1.4.2 所列。

表 1.4.2　各字母所对应的允许误差表

字母	D	F	G	J	K	M
允许误差/%	±0.5	±1	±2	±5	±10	±20

例如,8R2K 表示电感量为 8.2μH,允许误差为 ±10%;3N9J 表示电感量为 3.9nH,允许误差为 ±5%。

3) 数码法

数码法是用 3 位数字表示电感量大小的一种标示方法,该方法常用于贴片电感器。在 3 位数字中,从左到右,第一、第二位数为电感器电感量的有效数字,第三位则表示有效数字后面应加“0”的个数,单位为 μH。若电感量中有小数点,则用“R”表示,并占一位有效数字。电感量单位后面用一个英文字母表示允许误差,各字母所对应的允许误差如表 1.4.2 所列。

例如,102J 表示电感量为 $10 \times 10^2 = 1000\mu H$,允许误差为 ±5%;222K 表示电感量为 $22 \times 10^2 = 2200\mu H$,允许误差为 ±10%。

4) 色标法

色标法是指在电感器的外壳涂上各种不同颜色的环,用来标注其主要参数。其色标法和电阻器的色标法相似,单位为 μH。电感器的色标法通常用四色环表示,紧靠电感体一端的色环为第一环,露着电感体本色较多的另一端为末环。其中,第一、第二色环表示有效数字,第三色环表示倍率(10^n),第四色环表示允许误差。数字与颜色的对应关系和色环电阻器表示法相同。

1.4.4　电感器的检测与选用

1. 电感器的检测

电感器的电感量一般可以通过高频 Q 表或电感表进行测量。若不具备以上两种仪器,可以用万用表测量线圈的直流电阻来判断其好坏。

普通的指针式万用表不具备测试电感器的挡位,只能大致测量电感器的好坏。其方法:用 $R \times 1$ 挡测量电感器的阻值,若被测电感器的阻值为零,则说明电感器内部绕组有短路故障;若被测电感器的阻值很小,一般为零点几到几欧姆,则说明电感器基本正常;若被测电感器的阻值为∞,则说明电感器已开路损坏。具有金属外壳的电感器(如中周),若检测到振荡线圈的外壳(屏蔽罩)与各引脚的阻值不是∞,而是有阻值或为零,则说明该电感器存在问题。

采用具有电感挡的数字万用表来检测电感器的方法:将挡位调至合适的电感挡,将万用表两个表笔和电感器的两个引脚相连,即可读出电感器的电感量。若读出的电感量与标称电感量相近,则说明该电感器正常;若读出的电感量与标称电感量相差很多,则说明该电感器有问题。需要说明的是,在检测电感器时,数字万用表的量程选择很关键,最好选择接近标称电感量的量程去测量;否则,测试的结果将会与实际值有很大的误差。

2. 电感器的选用

在选择电感器时,首先要明确其使用频率范围,铁芯线圈只能用于低频电路,铁氧体线圈、空芯线圈一般用于高频电路;其次,要分清线圈的电感量和适用的电压范围。

正确选取电感线圈在线路板上的安装方式:立式或卧式。卧式电感器的引线是从两端引出,它绕在棒形的磁芯上,工作时磁力线向四周发散,会影响到邻近的元器件工作,在高频工作时影响更大。立式电感器无此缺点,其线圈是绕在“工”字形或“王”字形磁芯上,工作时磁力线很少发散,对周围元器件无影响,分布电容也小。

1.4.5 变压器的主要参数

由于工作频率及用途的不同,不同类型变压器的主要参数也不同。电源变压器的主要参数有额定功率、额定电压、变压比、额定频率、工作温度、电压调整率和绝缘性能等;一般低频变压器的主要参数有变压比、频率响应、非线性失真、效率和屏蔽性能等。下面介绍变压器中比较通用的几个参数。

1. 变压比

对于一个没有损耗的理想变压器来说,如果它的初、次级线圈的匝数分别为 N_1 和 N_2,若在初级线圈两端接入交流电压 u_1,根据电磁感应定律,次级线圈两端必产生一感应电压 u_2,则变压器的初、次级线圈的电压比和匝数比是相同的,即 $u_2/u_1 = N_2/N_1 = n$,比值 n 称为变压器的变压比,也称为匝数比。

2. 效率

变压器的输出功率与输入功率之比,称为变压器的效率。

3. 频率响应

频率响应是音频变压器的一项重要指标,要求音频变压器对不同频率的音频信号都能按一定的变压比进行不失真传输。由于变压器初级电感、漏感和分布电容的影响,会产生信号失真。初级电感越小,低频信号电压失真越大;漏感和分布电容越大,对高频信号电压的失真越大。对不同用途的音频变压器,其频率响应要求不同,可以采取适当增加初级电感量、展宽低频特性、减少漏感、展宽高频特性等方法,使音频变压器的频率响应达到指标要求。

1.4.6 变压器的检测与选用

1. 变压器的检测

1)外观检查

检查线圈引线是否断线、脱焊,绝缘材料是否烧焦,有无表面破损等。

2)绝缘电阻的测量

变压器各绕组之间、绕组和铁芯之间的绝缘电阻可用 500V 或 1000V 兆欧表进行测量。测量前先将兆欧表进行一次开路和短路试验,检查兆欧表是否良好,具体步骤为:首先将表的两根测试线开路,摇动手柄,此时兆欧表指针应指在零点位置;然后将两根测试线短路,此时兆欧表指针应指在零点位置,说明兆欧表是好的。

一般电源变压器和扼流圈应用 1000V 兆欧表测量,绝缘电阻应不小于 1000MΩ。晶体管收音机输入、输出变压器用 500V 兆欧表测量,绝缘电阻应不小于 100 MΩ。若没有兆欧表,也可用万用表进行测量,将万用表挡位指向 $R\times10\text{k}\Omega$ 挡,测量绝缘电阻时表头指针应不动。

3）空载电压测试

将变压器初级接入电源，用万用表测量变压器的次级电压。一般要求电压误差范围为设计值的 ±5% ，具有中心抽头的绕组，其不对称度应小于 2% 。

2. 变压器的选用

(1)根据不同用途选择不同类型的变压器。收音机和电视机的末级功放电路同扬声器的耦合要选用输出变压器，超外差式收音机的中频放大电路的耦合和选频一定要选用中频变压器。

(2) 根据电路的具体要求选择变压器的性能参数。变压器的选择，首先要考虑的因素就是容量。变压器容量的选择与负荷种类和特性、负荷率、功率因数、变压器有功损耗和无功损耗等因素有关。

1.5 半导体器件

半导体二极管和晶体管是组成分立元器件电子电路的核心器件。二极管具有单向导电性，可用于整流、检波、稳压、混频等电路。晶体管对信号具有放大和开关作用，可用于放大、振荡、调制等电路。

1.5.1 半导体器件的型号命名法

半导体器件的型号由五部分组成。第一部分用阿拉伯数字表示器件的电极数目；第二部分用字母表示器件的材料和极性；第三部分用字母表示器件的类别；第四部分用数字表示器件的性能序号；第五部分用字母表示规格号。半导体器件的型号命名法如表 1.5.1 所列。

表 1.5.1 半导体器件的型号命名法

第一部分		第二部分		第三部分		第四部分	第五部分
电极数		材料和极性		类别		性能序号	规格号
符号	意义	符号	意义	符号	意义	意义	意义
2	二极管	A	N 型锗材料	P	普通管		
		B	P 型锗材料	V	微波管		
		C	N 型硅材料	W	稳压管		
		D	P 型硅材料	C	参量管		
3	晶体管	A	PNP 型锗材料	Z	整流管	反映了管子的直流参数、交流参数、极限参数等性能的差别	反映了管子承受反向击穿电压的能力。按 A、B、C…编号，A 的承受能力最低，依次递增
		B	NPN 型锗材料	L	整流堆		
		C	PNP 型硅材料	S	隧道管		
		D	NPN 型硅材料	N	阻尼管		
		E	化合物材料	U	光电管		
				K	开关管		
				X	低频小功率管		
				G	高频小功率管		
				D	低频大功率管		

（续）

第一部分		第二部分		第三部分		第四部分	第五部分
电极数		材料和极性		类别		性能序号	规格号
符号	意义	符号	意义	符号	意义	意义	意义
3	晶体管			A	高频大功率管	反映了管子的直流参数、交流参数、极限参数等性能的差别	反映了管子承受反向击穿电压的能力。按 A、B、C…编号，A 的承受能力最低，依次递增
				T	晶闸管（可控硅）		
				Y	体效应管		
				B	雪崩管		
				J	阶跃恢复管		
				CS	场效应管		
				BT	半导体特殊器件		
				FH	复合管		
				PIN	PIN 管		
				JG	激光器件		
注：场效应管、半导体特殊器件、复合管、PIN 管、激光器件的型号命名只有第三至五部分							

1.5.2 二极管

二极管是由半导体材料硅或锗晶体制作的，故称为晶体二极管或半导体二极管，是结构比较简单的有源电子器件，其主要特性是单向导电性。

1. 二极管的分类

（1）按所用半导体材料的不同，可分为锗二极管和硅二极管。

锗二极管和硅二极管性能主要区别：锗管正向压降比硅管小（锗管为 0.2～0.3V，硅管为 0.6～0.7V），锗管的反向电流比硅管大（锗管为几百微安，硅管的小于 1μA）。

（2）按用途不同，可分为整流二极管、检波二极管、稳压二极管、变容二极管、光电二极管、发光二极管和开关二极管等。

（3）按结构不同，可分为点接触型二极管和面接触型二极管。

普通二极管包括检波二极管、整流二极管、开关二极管和稳压二极管；特殊二极管包括变容二极管、光电二极管和发光二极管等。常用二极管的电路符号如图 1.5.1 所示。

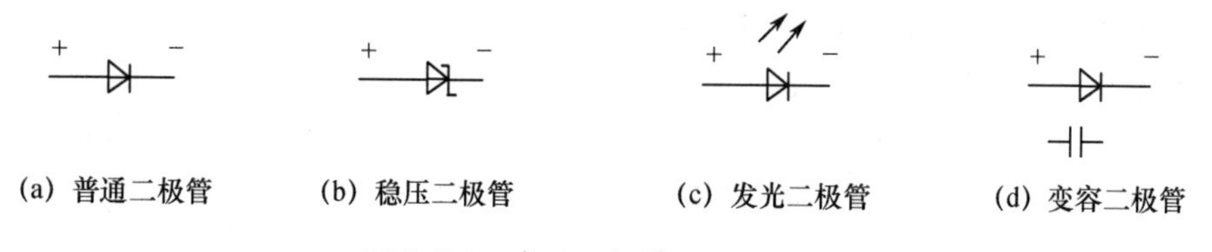

图 1.5.1 常用二极管的电路符号

2. 二极管的主要参数

1）最大整流电流 I_F

最大整流电流是指二极管长期连续工作时允许通过的最大正向平均电流。使用时，二极管的平均电流不能超过这个数值；否则二极管将烧坏。

2）最高反向工作电压 U_{RM}

最高反向工作电压是指反向加在二极管两端，而不至于引起 PN 结击穿的最大电压。通常为安全起见，U_{RM}取反向击穿电压的 1/3 ~ 1/2。

3）反向电流 I_R

反向电流是指二极管未击穿时反向电流值。温度对 I_R 的影响很大。

4）击穿电压 U_{BR}

击穿电压是指二极管反向伏安特性曲线急剧弯曲点的电压值。反向为软特性时，则指给定反向漏电流条件下的电压值。

5）最高工作频率 f_M

最高工作频率是指能保证二极管单向导电作用的最高工作频率。

3. 常用二极管简介

1）整流二极管

整流二极管是利用二极管的单向导电性，把方向交替变化的交流电变换成单一方向的直流电，其外形如图 1.5.2 所示。整流二极管是一种面接触型二极管，工作频率低，允许通过的正向电流大，反向击穿电压高，允许的工作温度高。常用的整流二极管有 1N4001 ~ 1N4007（1A/50 ~ 1000V）、1N5391 ~ 1N5399（3.4A/50 ~ 1000V）、1N5400 ~ 1N5408（3A/50 ~ 1000V）。

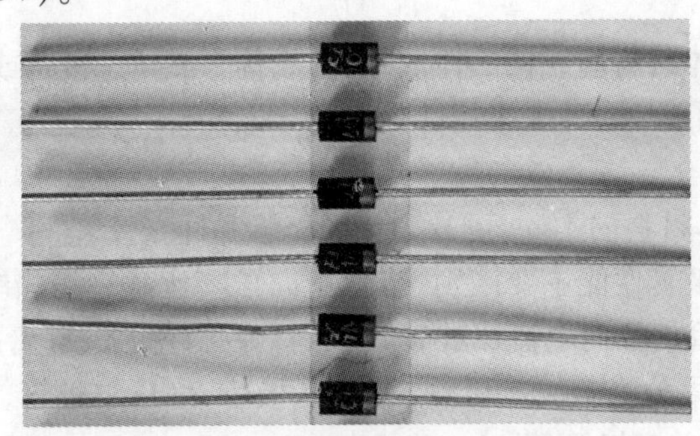

图 1.5.2 常用整流二极管的外形

2）稳压二极管

稳压二极管又称齐纳二极管，是一种工作在反向击穿状态的特殊二极管，用于稳压（或限压）。稳压二极管工作在反向击穿区，不管电流如何变化，稳压二极管两端的电压基本保持不变。稳压二极管除了有玻璃和塑料封装外，还有金属封装，玻璃和塑料封装的外形与整流二极管相似，金属封装的外形与小功率晶体管相似，内含两个稳压二极管，其外形如图 1.5.3 所示。常用的稳压二极管有 1N4729 ~ 1N4753，最大功耗为 1W，稳压范围为 3.6 ~ 36V，最大工作电流为 26 ~ 252mA。

3）发光二极管

发光二极管（简称 LED）是一种将电能变成光能的半导体器件。它具有一个 PN 结，与普通二极管一样，具有单向导电特性，当给它加上正向电压，有一定的电流流过时就会发光。根据半导体材料不同，可发出不同颜色的光，如磷化镓 LED 发绿色、黄色光，砷化镓 LED 发红色光等。常用发光二极管的外形如图 1.5.4 所示。

发光二极管的正向工作电压通常为 1.5 ~ 3V，允许通过的电流为 2 ~ 20mA，发光强度

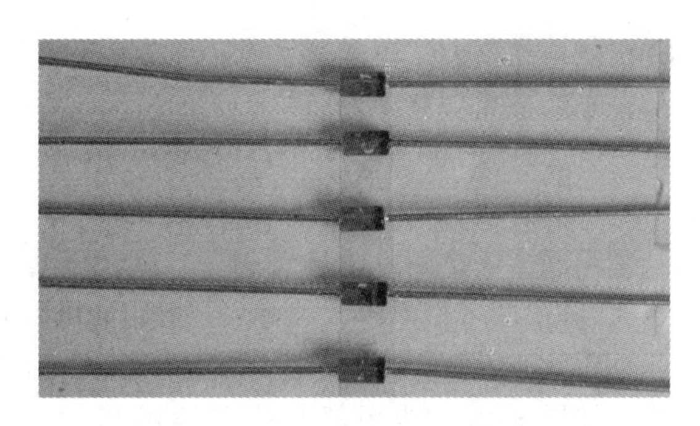

图 1.5.3　常用稳压二极管的外形

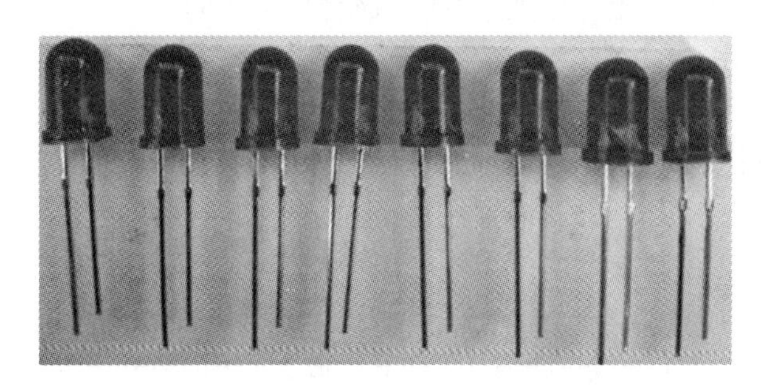

图 1.5.4　常用发光二极管的外形

由电流决定。若用 TTL 器件驱动发光二极管，一般需串接一个几百欧的限流电阻，以防止器件和二极管损坏。

4）变容二极管

变容二极管是利用 PN 结结电容可变原理制成的一种半导体二极管，其 $C-U$ 特性如图 1.5.5 所示，变容二极管结电容的大小与其 PN 结上的反向偏压大小有关，反向偏压越高，结电容越小，且它们之间的关系是非线性的。变容二极管是一个电压控制元件，通常用于振荡电路，与其他元件一起构成压控振荡器。在压控振荡器电路中，通过改变变容二极管两端的电压便可改变变容二极管电容的大小，从而改变振荡频率。

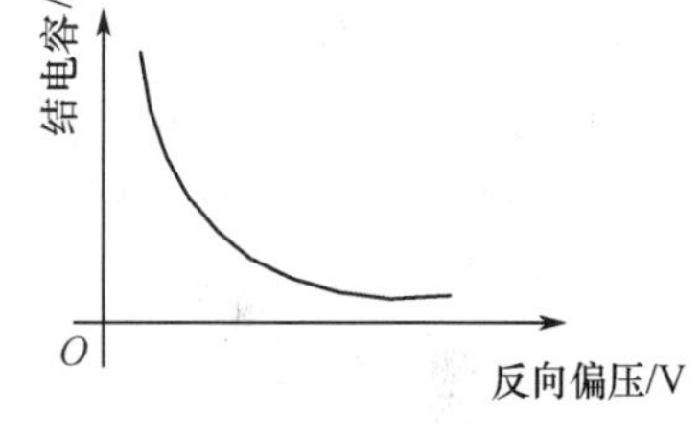

图 1.5.5　变容二极管的 $C-U$ 特性

4. 二极管的检测

1）二极管的极性判别

（1）观察外壳上的符号标记。通常在外壳上标有二极管的符号，带有三角形箭头的一端为正极，另一端为负极。

（2）观察外壳上的色点。在点接触型二极管的外壳上，通常标有极性色点（白色或红色），一般标有色点的一端为正极。还有的二极管上标有色环，带色环的一端为负极。

（3）观察玻璃壳内触针。对于点接触型二极管，如果标记模糊不清，可将外壳上的黑色或白色漆层轻轻刮掉一点，透过玻璃观察二极管的内部结构，有金属触针的一端为正极，连半导体片的一端为负极。

（4）观察管脚的长短。对于发光二极管，管脚长的为正极，管脚短的为负极。

（5）用万用表测量判别。将指针式万用表置于 $R\times1\text{k}\Omega$ 挡，先用红、黑表笔任意测量二极管两端之间的电阻值，然后交换表笔再测量一次。如果二极管是好的，两次测量的电阻值差别很大，其中阻值较小的那次测量中，黑表笔所连接的一端为正极，红表笔所连接的一端为负极。

2）二极管好坏的判别

判断二极管的好坏，常用的方法是测试二极管的正、反向电阻，再加以判别。正向电阻越小越好，反向电阻越大越好，两者相差越大越好。一般正向电阻阻值为几百欧或几百千欧，反向电阻阻值为几百兆欧或无穷大，这样的二极管是好的。如果正、反向电阻都为无穷大，则表示内部断线。如果正、反向电阻都为零，则表示 PN 结击穿或短路，说明二极管是坏的。如果正、反向电阻一样大，说明二极管也是坏的。

5. 二极管的选用

选用二极管时，一般根据具体电路的要求选用不同类型及特性的二极管。检波电路中应选用检波二极管，稳压电路中应选用稳压二极管，整流电路中应选用整流二极管，开关电路中应选用开关二极管，并且需要注意不同型号的二极管的参数与特性的差异。

1.5.3 晶体管

晶体三极管简称晶体管或三极管，具有电流放大作用，是电子电路的核心元器件。三极管是在一块半导体基片上制作两个相距很近的 PN 结，两个 PN 结把整块半导体分成三部分，中间部分是基区，两侧部分分别是发射区和集电区，排列方式有 PNP 和 NPN 两种，从 3 个区引出相应的电极，分别为基极 B、发射极 E 和集电极 C。

1. 三极管的分类

(1)按所用半导体材料不同，可分为锗三极管和硅三极管。

(2)按导电类型不同，可分为 NPN 型三极管和 PNP 型三极管。

(3)按工作频率不同，可分为低频三极管、高频三极管和超高频三极管。

(4) 按功率不同，可分为小功率三极管、中功率三极管和大功率三极管。

(5) 按结构不同，可分为点接触型三极管和面接触型三极管。

(6) 按制作工艺不同，可分为平面型三极管、合金型三极管和扩散型三极管。

(7) 按用途不同，可分为放大管、开关管、阻尼管、达林顿管等。

(8) 按外形封装不同，可分为塑料封装三极管、玻璃封装三极管、金属封装三极管等。

三极管的电路符号如图 1.5.6 所示。常用三极管的外形如图 1.5.7 所示。

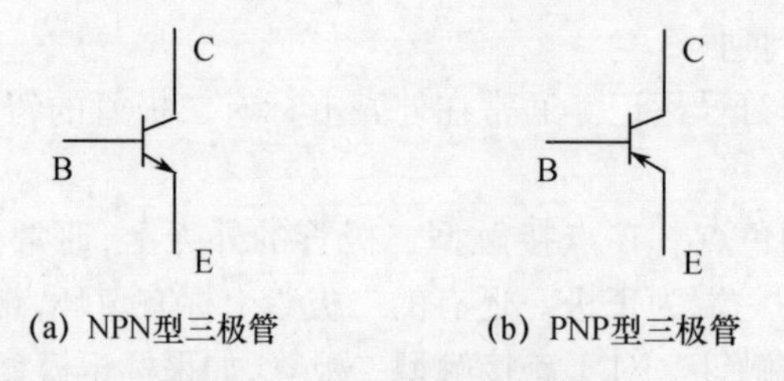

(a) NPN型三极管　　(b) PNP型三极管

图 1.5.6　三极管的电路符号

2. 三极管的主要参数

1）电流放大系数 β

电流放大系数是三极管放大能力的一个重要指标。根据不同工作状态，又分为直流

(a) 低频小功率三极管

(b) 低频大功率三极管

图 1.5.7　常用三极管的外形

电流放大系数和交流电流放大系数。共射交流电流放大系数 β 是指在共射放大电路中，有交流信号输入时，集电极电流的变化量与基极电流的变化量之比，即 $\beta = \Delta i_C / \Delta i_B$。

2）极间反向电流

三极管的极间反向电流有两个，即反向饱和电流 I_{CBO} 和穿透电流 I_{CEO}。I_{CBO} 是指发射极开路时，集电极和基极间的反向饱和电流，其大小取决于温度和少数载流子的浓度。小功率锗管的 $I_{CBO} \approx 10\mu A$，硅管的 I_{CBO} 则小于 $1\mu A$。I_{CEO} 是指基极开路时，集电极与发射极间的穿透电流，$I_{CEO} = (1+\beta)I_{CBO}$。小功率锗管的 I_{CEO} 约为几十至几百微安，硅管的 I_{CEO} 约为几微安。通常把 I_{CEO} 作为判断管子质量的重要依据，I_{CEO} 大的管子性能不稳定。

3）集电极最大允许电流 I_{CM}

I_{CM} 是指三极管集电极允许的最大电流。当 I_C 超过 I_{CM} 时，β 明显下降。

4）集电极最大允许功耗 P_{CM}

P_{CM} 是指三极管集电结上允许耗散功率的最大值。集电结功率损耗 $P_C = i_C u_{CE}$，当 P_C 超过 P_{CM} 时，集电结会因过热而烧毁。

5）反向击穿电压 $U_{(BR)CEO}$

$U_{(BR)CEO}$ 是指三极管基极开路时，集电极与发射极间的反向击穿电压。使用中如果管子两端的电压 $U_{CE} > U_{(BR)CEO}$，集电极电流 I_C 将急剧增大，这种现象称为击穿。

3. 三极管的管型和电极判别

三极管的管型判别是指判别三极管是 PNP 型还是 NPN 型，是硅管还是锗管，是高频管还是低频管。电极判别是指分辨出三极管的发射极、基极和集电极。

1）直接判别法

根据管壳上所标注的规格与型号，可以区分出管子的类型、材料、功耗、频率高低等性能。例如，晶体管管壳上印的是 3DG6，表明是 NPN 型高频小功率硅晶体管。此外，管壳上一般还用色点的颜色来表示管子的电流放大系数 β 的大致范围，黄色表示 $\beta = 30 \sim 60$，绿色表示 $\beta = 50 \sim 110$，蓝色表示 $\beta = 90 \sim 160$，白色表示 $\beta = 140 \sim 200$。

小功率管有金属和塑料两种封装形式。金属封装的管壳上如果带有定位销，若将管脚朝下，从定位销旁的那个管脚起，按逆时针方向，3 个电极依次为 E、B、C，其外形及管脚图如图 1.5.8 所示。塑料封装的管壳上无定位销，且管子一般呈半圆柱形，使半圆柱的平面朝向自己，3 个电极朝下放置，则从左到右 3 个电极依次为 E、B、C，其外形及管脚图如图 1.5.9 所示。

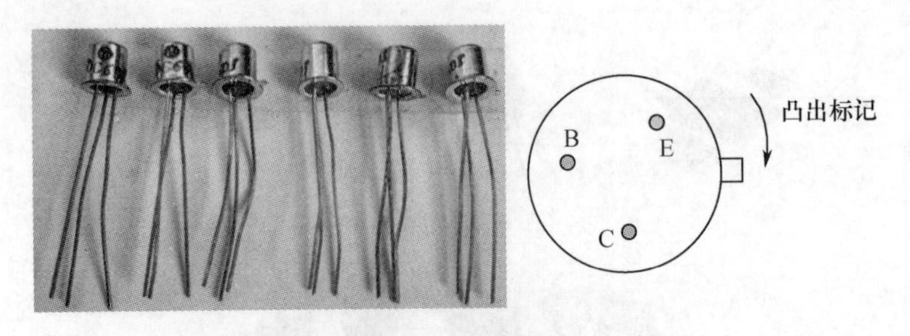

图 1.5.8　金属封装三极管的外形及管脚

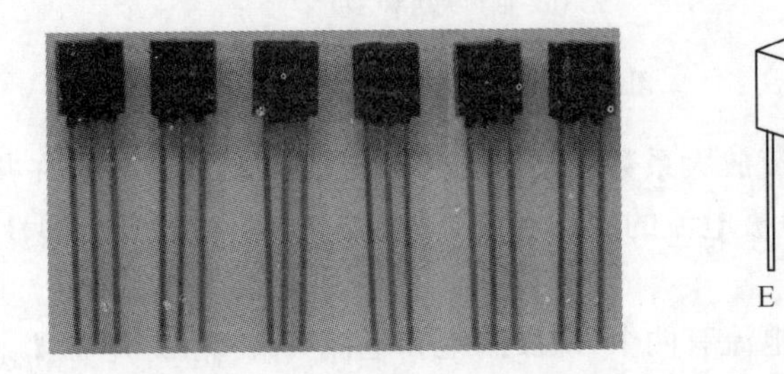

图 1.5.9　塑料封装三极管的外形及管脚

2）万用表判别法

（1）PNP 型、NPN 型和基极的判别。将指针式万用表置于 $R\times1\text{k}\Omega$ 挡，用黑表笔连接三极管的某一电极（假设其为基极），用红表笔分别连接另两个电极，若两次测量的阻值都很小（约几百欧），则表示该管是 NPN 管，且黑表笔所连接的电极为基极；若两次测量的阻值都很大，则表示该管是 PNP 管，且黑表笔所连接的电极为基极；若两次测量的阻值是一大一小，则表示黑表笔所连接的电极不是基极，需另外假设一个电极为基极，按上述方法测量，直到找到基极为止。如果 3 个电极测试下来都不能确定基极，则三极管可能已损坏。

（2）发射极和集电极的判别。仍将指针式万用表置于 $R\times1\text{k}\Omega$ 挡，两个表笔分别连接除基极以外的两个电极。对于 NPN 管，用手指捏住基极和黑表笔所连接的电极（通过人体相当于在两电极间接入一个偏置电阻），可测量出一个阻值。然后将红、黑表笔交换，同样用手指捏住基极和黑表笔所连接电极，又测量出一个阻值。所测阻值小的那次测量，黑表笔所连接的电极为集电极，而红表笔所连接的电极为发射极。对于 PNP 管，应用手捏住基极和红表笔所连接电极，所测阻值小的那次测量，红表笔所连接的电极为集电极，而黑表笔所连接的电极为发射极。

1.6 集成电路

集成电路（Integrated Circuit，IC）是一种新型半导体器件，它是经过氧化、光刻、扩散、外延、蒸铝等半导体制造工艺，把构成具有一定功能的电路所需的半导体、电阻、电容等元件及它们之间的连接导线全部集成在一小块硅片上，然后焊接封装在一个管壳内的电子器件。集成电路在体积、重量、耗电、寿命、可靠性、机电性能指标方面都远远优于晶体管分立元件组成的电路，因此应用十分广泛。

1.6.1 集成电路的分类

1. 按使用功能分类

集成电路按使用功能不同,可分为模拟集成电路(如运算放大器、稳压器、音响电视电路、非线性电路)、数字集成电路(如微机电路、存储器、CMOS 电路、ECL 电路、HTL 电路、TTL 电路、DTL 电路)、特殊集成电路(如传感器、通信电路、机电仪表电路)、接口集成电路(如电压比较器、电平转换器、线驱动接收器、外围驱动器)。

2. 按制作工艺分类

集成电路按制作工艺,可分为半导体集成电路和膜混合集成电路两类。半导体集成电路包括双极型电路和 MOS 电路(NMOS、PMOS、CMOS)。膜混合集成电路包括薄膜集成电路、厚膜集成电路和混合集成电路。

3. 按集成度高低分类

集成电路按集成度高低的不同,可分为小规模集成电路、中规模集成电路、大规模集成电路和超大规模集成电路。

4. 按封装外形分类

集成电路按封装外形不同,可分为直立扁平型、扁平型、圆形、双列直插型,其示意图如图 1.6.1 所示。集成电路的封装材料可用塑料、陶瓷、玻璃、金属等。

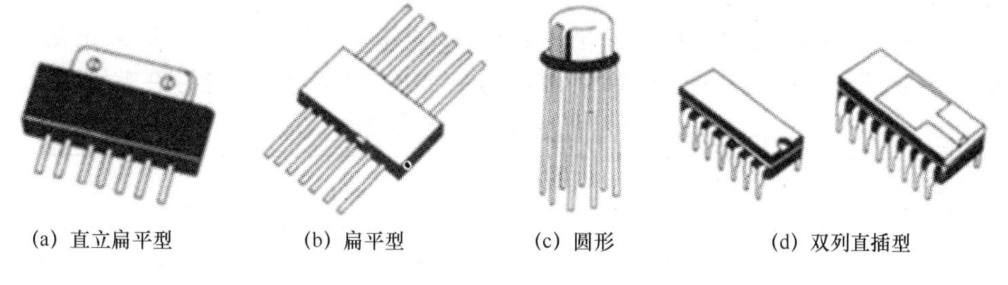
(a) 直立扁平型　(b) 扁平型　(c) 圆形　(d) 双列直插型

图 1.6.1　集成电路的常见封装形式

1.6.2 集成电路的封装及引脚识别

1. 集成电路的封装形式

集成电路的封装形式有圆形金属封装、扁平陶瓷封装、双列直插式塑料封装。一般地,模拟集成电路常采用圆形金属封装,数字集成电路常采用双列直插式塑料封装,而扁平陶瓷封装的集成电路一般应用于功率器件。

2. 集成电路的引脚识别

在使用集成电路前,必须认真识别集成电路的引脚,查阅手册,确认各个引脚的功能和使用方法,以免因接错而损坏器件。集成电路的引脚排列方式的一般规律如下。

(1) 圆形封装(多为金属壳)。引脚有 3、5、8、10 多种,识别引脚时将引脚向上,找出其标记,通常为锁口突耳、定位孔及引脚不均匀排列等。引脚的顺序从定位标记开始,按顺时针方向依次排列引脚 1、2、3、…,如图 1.6.2 所示。

(2) 单列直插式封装。对单列直插式集成电路,识别其引脚时应使引脚朝下,面对型号或定位标记,自定位标记一侧的引脚数起,依次为 1、2、3、…。该类集成电路常用的定位标记为色点、凹坑、小孔、线条、色带、缺角等，如图 1.6.3 所示。

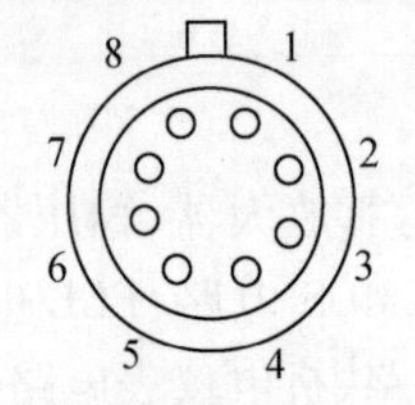

图 1.6.2 圆形封装的引脚排列图

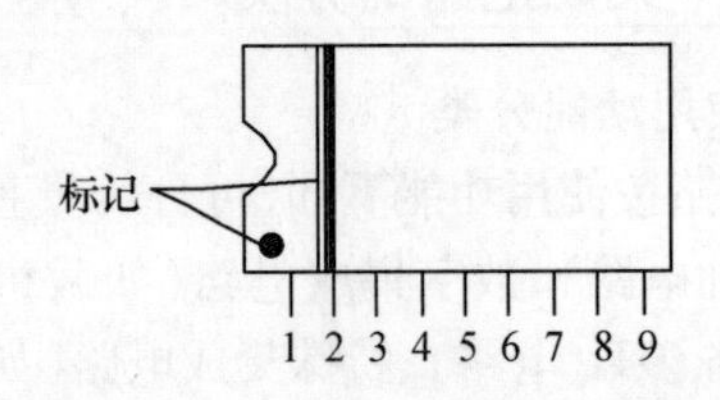

图 1.6.3 单列直插式封装的引脚排列

(3) 双列直插式封装。对双列直插式集成电路，识别其引脚时应使引脚朝下，型号、商标向上，定位标记（如圆点或缺口等）在左边，则从左下角第一只引脚开始，按逆时针方向，引脚依次为 1、2、3、…，如图 1.6.4 所示。

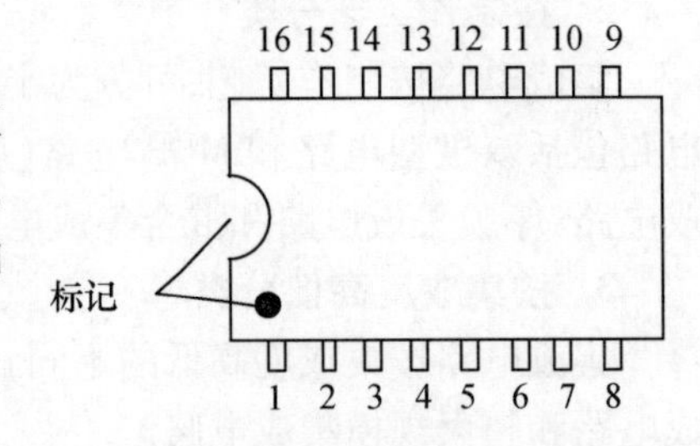

图 1.6.4 双列直插式封装的引脚排列

1.6.3 集成电路的命名方法

集成电路的命名方法按国家标准规定，每个型号由下列五部分组成，各部分符号及意义如表 1.6.1 所列。其中 54/74 为国际通用系列，74 为商用，温度范围只有 C 级（0 ~ 70℃）；54 为军用，温度范围只有 M 级（－55 ~ 125℃）。按 54/74 编号的器件，无论是 TTL 还是 CMOS，无论是何子系列，无论是国产还是进口，只要编号相同，其逻辑功能和引脚就是相同的，但其电气性能存在差别。

表 1.6.1 集成电路的命名方法

第一部分		第二部分		第三部分		第四部分		第五部分	
国产标识		器件类型		器件系列与编号		工作温度范围/℃		封装形式	
符号	意义	符号	意义	符号	意义	符号	意义	符号	意义
C	国产	T	TTL 电路	TTL 子系列有：		C	0 ~ 70	F	陶瓷扁平封装
		C	CMOS 电路	54/74LS×××	低功耗	G	－25 ~ 70	B	塑料扁平封装
		E	ECL 电路	54/74H×××	高速	L	－25 ~ 85	H	黑瓷扁平封装
		F	线性放大器	54/74AS×××	先进	E	－40 ~ 85	D	陶瓷双列直插封装
		W	稳压器	54/74F×××	快速	R	－55 ~ 85	J	塑料双列直插封装
		AD	A/D 转换器	…		M	－55 ~ 125	P	黑瓷双列直插封装
		DA	D/A 转换器	CMOS 子系列有：				S	塑料单列直插封装
				4×××	普通			T	塑料封装
				4×××B	改进				
				54/74HC×××	高速			K	金属圆壳封装
				54/74HCT×××	与 TTL				
				54/74ACT×××	兼容				
				…					

1.6.4 集成电路的选用和使用注意事项

选用集成电路时,应根据实际情况查阅器件手册,在满足电路要求的功能、动态指标、静态指标的前提下,选择货源多、价格低的器件。无原则地追求高性能的产品,不仅使成本提高,而且高性能的器件比通用器件在电源滤波、组装、布线等方面要求也较高,反而满足不了要求。

使用集成电路时,应该注意以下几个问题。

(1) 使用集成电路时,不允许超过数据手册中规定的参数数值。

(2) 集成电路在插装时,应注意集成电路的方向及引脚序号,不能插错。

(3) 尽量选择同一类型(TTL、CMOS 等)的集成电路,这样电路的电源较简单。

(4) 集成电路的安装位置应该有利于散热通风,便于维修更换器件。

(5) 拆集成电路时,应断开电源;否则容易损坏集成电路。

(6) 焊接集成电路时,不得使用大于 45W 的电烙铁,每次焊接时间不得超过 10s,以免损坏电路或影响电路性能。

第2章　手工焊接技术

在电子产品制作中,各个电子元器件和功能部件必须通过锡焊连接起来,锡焊不仅保证了各个元器件之间有可靠的电气连接,而且起着支撑和固定的作用。焊接的过程就是用电烙铁将焊料熔化,后在助焊剂的作用下将电子元件的端点与导线或印制电路板等牢固地结合在一起。焊接技术是电子产品制作必备的一门基本功,焊接的质量好坏直接影响到电子产品的质量。

2.1　焊接技术与锡焊

焊接又称熔接(镕接),是一种利用加热、高温或者高压的方式接合金属或其他热塑性材料的制造工艺及技术。

按照实现接合目的的途径不同,焊接通常可分为以下3种。

1. 熔焊

熔焊又称熔化焊,是一种最常见的焊接方法(图2.1.1)。熔焊就是在焊接的过程中,将需要焊接接合的工件加热使它们的局部熔化。由于被焊工件是紧密贴在一起的,在温度场、重力等的作用下,无需外加压力,两个工件的熔融液会发生混合现象。待温度降低后,熔化部分凝结,两个工件就被牢固地焊在一起,完成焊接。若有需要,在熔焊中可加入熔填物辅助焊接。常见的电弧焊、电渣焊、气焊、电子束焊、激光焊等都属于熔焊。

图2.1.1　熔焊

2. 钎焊

钎焊是指利用熔点比被焊工件熔点低的填充金属(焊料),将被焊工件和焊料加热到高于焊料熔点,低于被焊工件的熔化温度,利用液态焊料的毛细作用润湿被焊工件,填充接头间隙,并与被焊工件相互扩散实现连接焊件的方法(图2.1.2)。

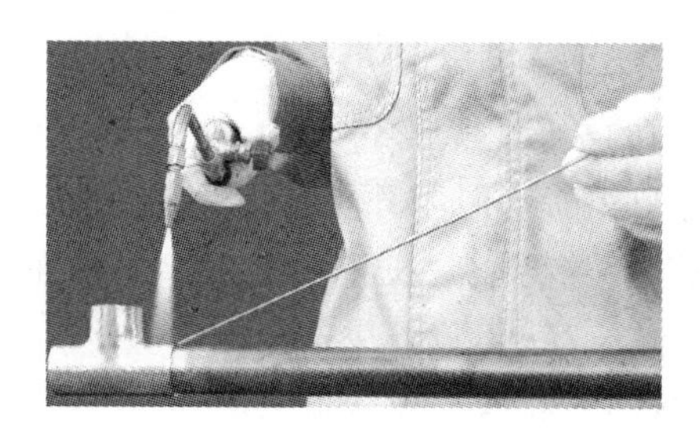

图 2.1.2　钎焊

3. 接触焊

接触焊是一种无需焊料和焊剂就可获得可靠连接的焊接技术，这种焊接只需在相当于或低于被焊工件熔点的温度下才用高压、叠合挤塑或振动等方式使两工件间相互渗透接合的焊接方法（图 2.1.3）。

图 2.1.3　接触焊

电子产品制作中主要使用的是钎焊。按照使用焊料的熔点高于或低于 450℃ 的不同，钎焊又分为硬焊和软焊。锡焊属于软焊的一种，它主要是指一种采用低熔点的锡铅焊料进行焊接的方法。

锡焊是使用最早、适用范围最广、当前使用仍占据较大比例的一种焊接方法。与其他焊接方法相比，锡焊具有以下几个特点。

（1）焊料熔点低为 180～320℃。绝大多数的金属材料均可采用锡焊焊接。

（2）焊接时被焊工件和焊料同时加热，焊料熔化而被焊工件不熔化。

（3）操作方便，焊接方法简单。直接利用熔融的液态焊料的浸润作用实现焊点，对加热量和焊料都没有精确的要求，焊点实现容易。

（4）焊料价格便宜，焊接工具简单，焊接成本较其他焊接方法低廉。

2.2　锡焊的过程

锡焊的过程主要包括以下几个方面。

（1）焊接面加热达到需要的温度。

（2）焊料受热熔化。

（3）焊料浸润焊接面。加热后呈熔融状态的焊料，沿着被焊工件金属的凹凸表面充分铺开，即浸润。此时必须保证被焊工件和焊料表面足够清洁，以更好地进行浸润过程。此外，熔融焊锡和被焊工件的接触角（又称浸润角）的大小最好为 20～30℃，保证两者之间良好地接触。

(4) 熔融焊料在焊接面的扩散。焊接过程中,浸润和扩散现象同时发生。由于金属原子在晶格点阵中进行着热运动,当温度升高时,某些金属原子就会由原来的晶格点阵转移到其他的晶格点阵,即发生扩散现象。这种发生在金属界面上的扩散结果,使两者接触的界面结合成一体,实现了金属之间的“焊接”。

(5) 界面层的结晶与凝固。焊接后焊点温度下降,在焊料和被焊工件界面处形成合金层。合金层是锡焊中极其重要的结构层,合金层没有或者太少会出现虚焊。

2.3 手工焊接工具

2.3.1 电烙铁

电烙铁是手工焊接的主要工具,它主要是把电能转换成热能,用来加热元件及导线,熔化焊锡,使元件和导线牢固地连接在一起。

1. 电烙铁的种类

电烙铁的种类繁多。常见的电烙铁有直热式、恒温式、吸焊式、调温式等多种,功率有16W、20W、25W、30W、35W、45W 等。一般来说,电烙铁的功率越大,可焊接的元器件体积也越大。

使用时,直热式电烙铁最为常见,直热式电烙铁又分为内热式和外热式两种。

1) 外热式电烙铁

外热式电烙铁因发热电阻在电烙铁的外面而得名。它的应用十分广泛,不仅可以用来焊接大型的元器件,还可以用来焊接较小的元器件。其外形及结构如图 2.3.1 所示。

外热式电烙铁一般由烙铁头、烙铁心、外壳、手柄、电源线等部分组成。由于烙铁头安装在烙铁心里面,故称为外热式电烙铁。

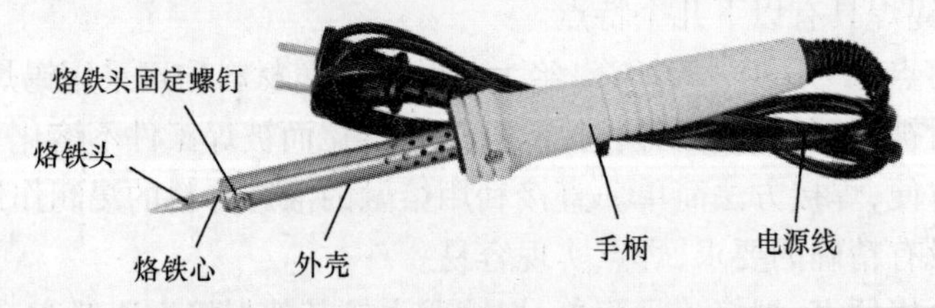

图 2.3.1 外热式电烙铁外形结构

电烙铁的关键部件是烙铁心,烙铁心的结构如图 2.3.2 所示。烙铁心将电热丝平行地绕制在一根空心瓷管上,中间采用薄云母片绝缘,并引出两根导线与 220V 交流电源连接。

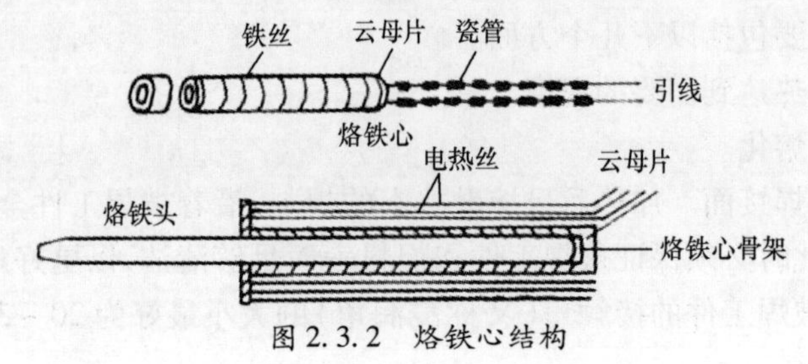

图 2.3.2 烙铁心结构

常用的外热式电烙铁有25W、45W、75W、100W等规格，功率越大烙铁头的温度也就越高。外热式电烙铁的发热电阻丝在烙铁头的外面，因此在使用的时候大部分的热会散发到外部空间，所以加热效率低，加热速度也比较缓慢。一般外热式电烙铁需要预热6～7min才能焊接。此外，外热式电烙铁体积也较大，在焊接小型元器件时会显得不太方便。但是外热式电烙铁的烙铁头寿命长，温度平衡，功率也比较大，适合长时间通电工作。

2）内热式电烙铁

内热式电烙铁的烙铁心安装在烙铁头中，它的外形及结构如图2.3.3所示。内热式电烙铁的烙铁心是采用极细的镍铬电阻丝绕在密闭陶瓷管上制成的，外面再套上耐热绝缘瓷管。烙铁头的后端是空心的，用于套在烙铁心外面，并且用弹簧夹固定。

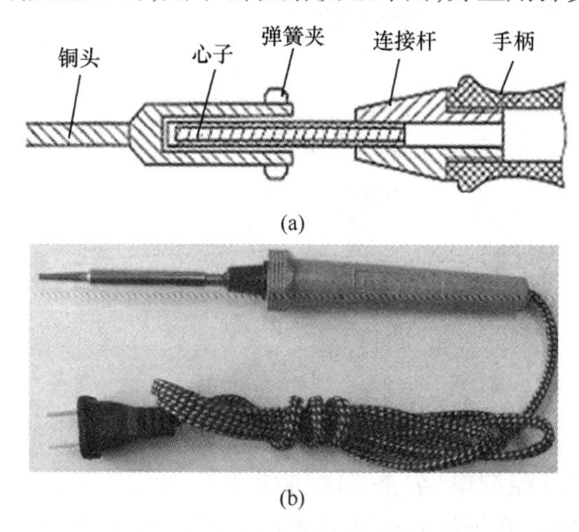

图2.3.3　内热式电烙铁外形结构

由于内热式电烙铁的烙铁心是装在烙铁头内部，热量可以完全传到烙铁头上，所以它预热只需3min左右，且热效率可高达85%～90%或以上。若连续使用，烙铁头的工作面温度一般保持在250℃左右。此外，它具有体积小、耗电少、重量轻、价格便宜等特点，主要用于印制线路板的焊接。内热式电烙铁的烙铁头更换也比较方便，适合初学者使用。但其加热用的镍铬电阻丝较细，很容易烧断。

一般电子制作都用20～30W的内热式电烙铁。由于内热式电烙铁的温度较高，因此在焊接印制线路板时，它比较容易损坏较细的铜箔和半导体器件，特别是集成电路。

3）恒温式电烙铁

目前常用的外热式和内热式电烙铁的温度都在300℃以上，这种高温显然不适合用于焊接耐热性能比较差的贴片元件，此时需采用恒温式电烙铁。

恒温式电烙铁的烙铁头温度是可以控制的，它可以使烙铁头的温度保持在某一恒定温度下。恒温式电烙铁采用的是断续加热，它比普通电烙铁节电50%，且升温速度快，由于烙铁头始终保持恒温，在焊接过程中焊锡不容易氧化，因此可有效地减少虚焊，提高焊接质量，它的烙铁头也不会产生过热现象，使用寿命长。

根据控温方式的不同，恒温式电烙铁可分为电控式和磁控式。电控式恒温电烙铁采用热电偶来检测和控制烙铁头的温度；磁控式恒温电烙铁采用磁性开关和强磁性体传感器来控制烙铁头温度。目前多采用的是磁控式恒温电烙铁。

磁控式恒温电烙铁外形如图 2.3.4(a)所示,它是借助强磁体传感器在达到某一温度(居里点)时会失去磁性这一特点,制成磁性开关来达到温控的目的。如图 2.3.4(b)所示,磁控式恒温电烙铁由烙铁头、加热器、强磁体传感器、永久磁铁和加热器控制开关等部件组成。

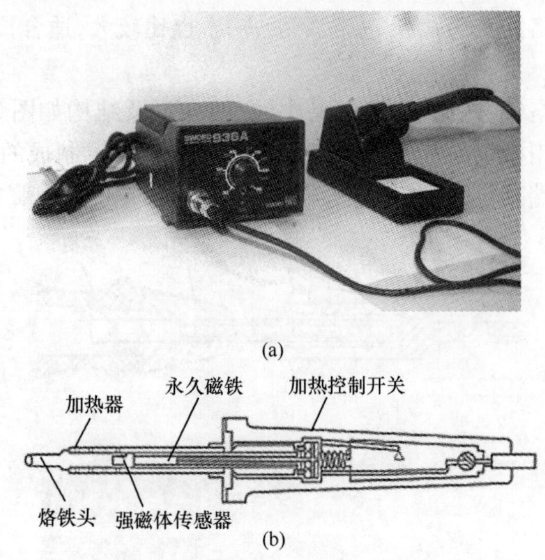

图 2.3.4　磁控恒温电烙铁结构外形

恒温电烙铁的居里点控制电路(恒温控制电路)如图 2.3.5 所示,给电烙铁通电时,加热器加热烙铁头,当温度升到强磁体传感器的居里点即预定温度时,强磁体传感器磁性消失,加热器断开,停止向电烙铁供电。当温度低于强磁体传感器的居里点时,强磁体便恢复磁性,并吸动永久磁铁,使加热器控制开关的触点接通,继续向电烙铁供电。如此循环往复,便达到了控制温度的目的。

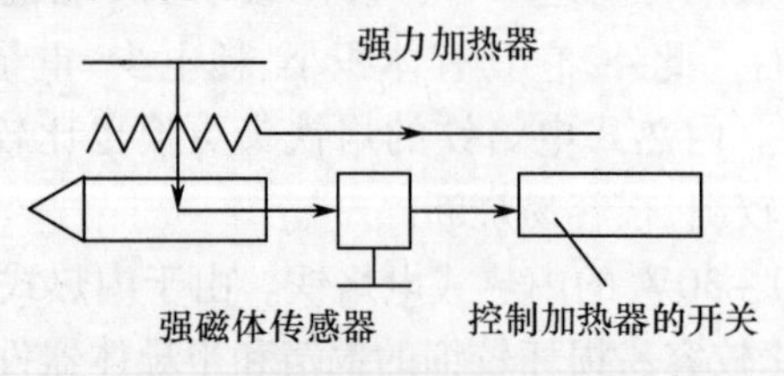

图 2.3.5　居里点控制电路

4）吸锡电烙铁

吸锡电烙铁主要用于拆焊元器件,其烙铁头内部是真空的,而且多了一个吸锡装置,如图 2.3.6 所示,在熔化焊锡的同时就可以将焊锡吸走,使元器件与电路板分离。

2. 烙铁头的选择与维护

1）烙铁头的形状与用途

烙铁头的作用是储存和传导热量,它的温度比被焊工件的温度高很多。烙铁头的温度除了与其功率有关外,还与它的体积、形状、长短等都有一定的关系。焊接时,需要结合各个方面综合考虑和使用不同形状的烙铁头。几种常用烙铁头的外形及其特点用途如表 2.3.1所列。

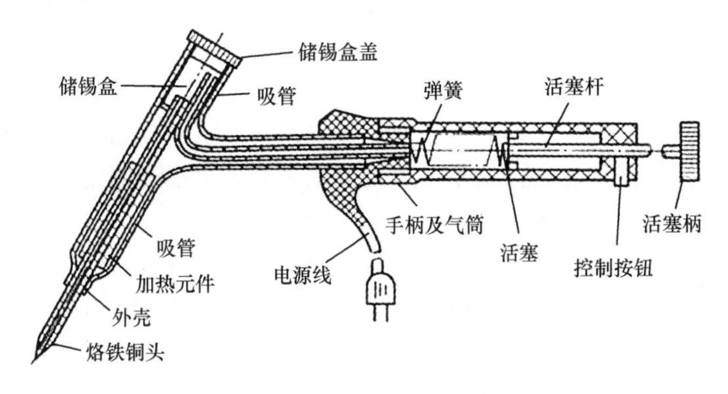

图 2.3.6　吸锡电烙铁结构外形

表 2.3.1　几种常用烙铁头的外形及其特点用途

序号	烙铁头形状	外形图	特点	用途
1	凿式(短嘴)		热量较集中,温度下降慢	适用于焊接一般焊点,常用丁手工焊接及电器维修工作
2	凿式(长嘴)			
3	凿式(宽式)			
4	半凿式(狭窄)			
5	尖锥形		角度较小,温度下降快	适用于焊接高密度的焊点和对温度比较敏感的较小元器件
6	圆尖锥			
7	圆斜面		表面积大,传热快	适用于在单面板上焊接不太密集的焊点
8	圆锥斜面		头部较小	多用于焊接高密度的线头小孔及怕热的器件

选择烙铁头时,应考虑使烙铁头尖端的接触面积小于焊接处焊盘的面积。烙铁头接触面过大,则会将过量的热量传导给焊接部位,损坏元器件及印制线路板。一般来说,长而尖的烙铁头需要较长的焊接时间;反之,短而粗的烙铁头需要的焊接时间就比较短。

2）新烙铁的镀锡

普通电烙铁在使用前,必须先给烙铁头挂上一层锡,称为镀锡。镀锡过程如下:先给电烙铁通电,待烙铁头可以熔化焊锡时用湿毛巾将烙铁头上的漆擦掉,再用焊锡丝在烙铁头的头部涂抹,使尖头均匀地镀上一层焊锡。也可把加热的烙铁头插入松香中,用松香除去尖头上的漆,再镀上焊锡。给烙铁头镀锡的好处是保护烙铁头不被氧化,并使烙铁头更容易焊接元器件。

3）烙铁头磨损后的维护

烙铁头一般用紫铜制成,表面镀有保护层(如锌),保护层的作用就是保护烙铁头不被氧化生锈。镀锌层虽然起到了一定的保护作用,但在经过一段时间的使用后,由于高温和助焊剂的作用，烙铁头会被氧化“烧死”，使表面凹凸不平。即烙铁头温度过高使烙铁头上的焊锡蒸发掉，烙铁头被烧黑氧化。此时就很难进行焊接工作，因而需要修整烙铁头。

修整烙铁头时需要将烙铁头取下，根据焊接对象的形状和焊点的大小，确定烙铁头的形状和粗细，用锉刀锉掉氧化层。修整过的烙铁头要重新镀锡后才能使用。所以当电烙铁较长时间不使用时，应拔掉电源防止电烙铁“烧死”。

目前，市面上在售的电烙铁均采用镀有保护层的铜头，这种烙铁头具有极强的抗腐蚀能力；发热芯子则采用了新一代半导体 PTC 陶瓷材料，其外形与电热丝芯子一致，可以互换。采用了抗腐蚀烙铁头和 PTC 发热芯子的电烙铁，被称为“长寿命电烙铁”，它的使用寿命高达2000h 以上，并且可以防静电、防感应电，能直接焊接 CMOS 器件。但是这种“长寿命电烙铁”在初次使用时，不能用砂纸或者钢锉打磨烙铁头，否则其表面的镀层被磨掉后烙铁头将会不再耐腐蚀。

3. 电烙铁的使用

1）电烙铁的选用

电烙铁的种类繁多，应根据实际情况灵活选用。对于一般的研制和生产维修工作，应首选内热式电烙铁，然后根据不同施焊对象选择不同功率的电烙铁，即可满足要求。电烙铁的功率一般标注在烙铁的手柄上，也可以通过测量烙铁心的电阻来判断。不同功率规格的烙铁心对应着不同的内阻。20W 烙铁的阻值约为 2.4kΩ，25W 烙铁的阻值约为 2kΩ，45W 烙铁的阻值约为 1kΩ，75W 烙铁的阻值约为 0.6kΩ，100W 烙铁的阻值约为 0.5kΩ。

电烙铁的功率与烙铁头温度对应关系如表 2.3.2 所列。焊接时，应根据不同的焊接对象，结合烙铁头的温度，合理地选用合适功率的电烙铁。例如，焊接印制线路板上的电子元器件时，一般可使用 25W 电烙铁，若使用功率过大的电烙铁就容易烫坏元器件，或使印制电路板的铜箔翘起甚至脱落。焊接一些采用较大元器件的电路，如铁板制的外壳、焊接底壳的导线时，则应选择 75W 左右的电烙铁才能保证焊接的质量。

表 2.3.2 常用电烙铁的工作温度

烙铁功率/W	20	25	45	75	100
烙铁头温度/℃	350	400	420	440	455

综上所述，焊接一般印制电路板和安装导线时，可选择 20W 内热式或 30W 外热式或恒温式电烙铁，烙铁头的温度控制在 250～400℃；在维修、调试一般电子产品焊接时，可选择 20W 内热式或 30W 外热式或恒温式或感应式电烙铁，烙铁头的温度控制在 250～400℃；焊接集成电路时，可选择 20W 内热式恒温式电烙铁，烙铁头的温度控制在 250～400℃；焊接焊片、电位器、2～8W 电阻、大电解电容、大功率管时，可选择 30～50W 内热式或 50～75W 外热式或恒温式电烙铁，烙铁头的温度控制在 350～450℃；焊接 8W 以上大电阻、2mm 以上导线时，可选择 100W 内热式或 150～200W 外热式电烙铁，烙铁头的温度控制在 400～550℃；焊接汇流排、金属板时，可选择 30W 外热式电烙铁，烙铁头的温度控制在500～630℃。

此外，为了保证焊接质量，焊接时也需注意焊接时间长短的控制。一般来说，在印制线路板上焊接元器件需要 2 ~ 3s，而在印制线路板上焊接集成电路则只需要 1.5 ~ 3s。

2）电烙铁的正确使用

（1）电烙铁使用时要经常从外观检查电源线有无破损，手柄和烙铁头有无松动。如有破损或松动，要及时处理和更换，以免发生漏电等事故。

（2）要经常用万用表的欧姆挡进行安全检查。首先应测量电源插头两端是否有短路或者是开路情况，其次还要使用“$R \times 1k\Omega$”或“$R \times 10k\Omega$”挡测量电源与烙铁外壳之间的绝缘电阻值，该值应在 $2M\Omega \sim 5M\Omega$ 之间才能使用，否则应查明原因并排除后才可投入使用。

（3）电烙铁使用前，应当先将电烙铁通电预热。加热后的电烙铁，在使用时，为了防止电烙铁烫坏桌面和其自身电线等，必须放在图 2.3.7 所示的烙铁架上。烙铁架底座上配有一块耐热且吸水性好的海绵，使用时加上适量的水，可以随时用于擦洗烙铁头上的污物等，保持烙铁头光亮。

3）电烙铁的握法

焊接时，可根据电烙铁的大小和被焊件的要求，决定手持电烙铁的手法，如图 2.3.8 所示，电烙铁握法分为反握法、正握法和握笔法 3 种。

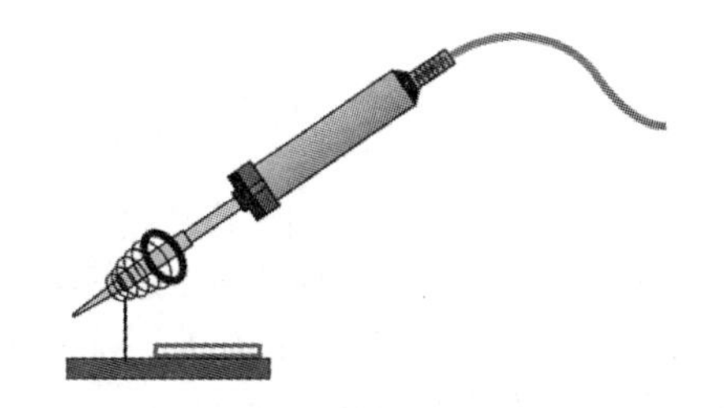

图 2.3.7　电烙铁放在烙铁架上

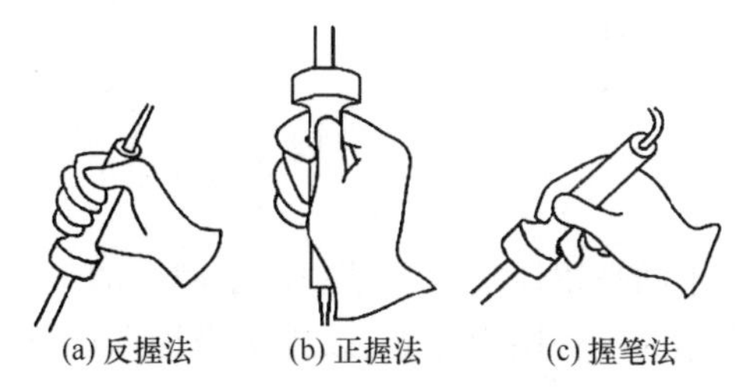

图 2.3.8　电烙铁的 3 种握法

反握法就是用五指把电烙铁的手柄握在手掌中。采用这种方法焊接时动作比较稳定，即使长时间焊接也不会感觉疲劳。当使用大功率的电烙铁时可采用此种握法，它也比较适用于焊接散热量较大的被焊件。

在使用中等功率电烙铁或弯形烙铁头的电烙铁时可采用正握法。一般在操作台上焊接印制电路板等焊件时，多采用正握法。

握笔法则类似于手握笔的姿势，这种方法易于掌握，但长时间操作会比较疲劳，烙铁头也会出现抖动的现象。握笔法常用于小功率电烙铁的焊接，和焊接散热量较少的被焊件。

4）电烙铁使用的注意事项

（1）电烙铁加热后的温度很高，一般都大于 200℃。因此，暂时不用的电烙铁，要放在烙铁架上，且一般将烙铁架置于工作台的右前方。使用过程中，不要用手去触摸烙铁头试探温度，以免烫伤自己。

（2）电烙铁在使用过程中要轻拿轻放，严禁敲击、摔打电烙铁。不能随便拆卸和换烙铁头，不用时要加锡保护烙铁头。

（3）烙铁头要保持清洁和具有金属光泽。烙铁头上焊锡过多时，可蘸一些松香或用湿海绵来擦除，不可将烙铁头上多余的锡乱甩。此外，应经常将烙铁头取出，倒去氧化物，防止烙铁头和烙铁心烧结在一起。重新插入烙铁头时要拧紧。

(4) 焊接过程中,电烙铁不能到处乱放,不焊接时应将电烙铁放在烙铁架上,严禁将电源线搭在烙铁头上,以防烫坏绝缘层而发生事故。

(5) 长时间不使用电烙铁时,应将电源插头拔下;否则容易加速氧化甚至烧断烙铁心,烙铁头也会因长时间加热发生氧化“烧死”而不再“吃锡”。使用结束后,应及时切断电烙铁电源,待完全冷却后再收回工具箱。

2.3.2 吸锡器

吸锡器主要用来配合电烙铁进行拆焊,可将多余的焊锡吸入吸锡器内部的空间内,图2.3.9所示为典型吸锡器的外形。

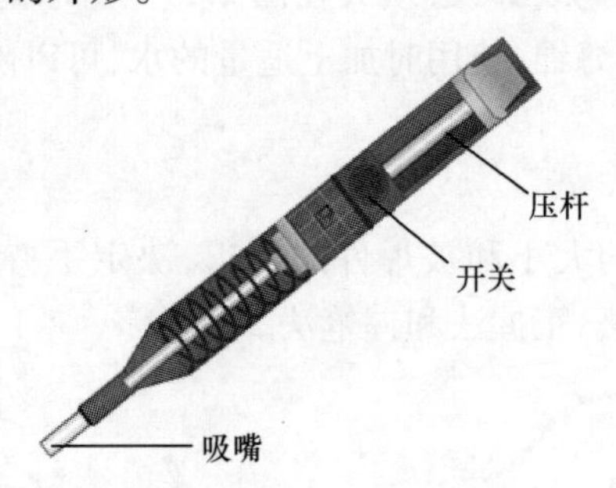

图2.3.9 典型吸锡器的外形

手动吸锡器实际上是一个小型手动空气泵,它的里面有一个弹簧,使用时,先把吸锡器末端的压杆用力按下,以排出吸锡器内部的空气,直至听到“咔”声卡住为止。然后再用电烙铁对焊点加热,待焊锡熔化后,将吸嘴对准焊点。此时用大拇指按下开关,释放吸锡器压杆,此时弹簧推动压杆迅速回到原位,在吸锡器腔内的空气负压力的作用下,熔化的焊锡便被吸入到吸锡器内部。若一次未吸干净,可重复上述步骤,直至焊锡全部吸净为止。

2.3.3 电子产品装配工具

1. 各类钳子

1) 钢丝钳

钢丝钳主要用来剪切线缆、剥开绝缘层、弯折线芯、松动和紧固螺母等。图2.3.10所示为钢丝钳的外形结构,钢丝钳的钳头由钳口、齿口、刀口和铡口组成,钢丝钳的钳柄处有绝缘套保护。在钳柄的绝缘套上一般标记了钢丝钳的耐压值,若工作环境超出此耐压范围,切勿带电操作,否则会发生触电事故。使用钢丝钳修剪带电的线缆时,除了要查看绝缘手柄的耐压值外,还应检查绝缘手柄有无破损,以防触电。

2) 斜口钳

斜口钳用于剪焊接后的线头,也可与尖嘴钳合用剥导线的绝缘皮。斜口钳的钳头部位为偏斜式的刀口,这种偏斜式的刀口方便斜口钳贴近导线或金属的根部进行剪切,图2.3.11所示为斜口钳的外形。常见的斜口钳尺寸有4英寸(1英寸=2.54cm)、5英寸、6英寸、7英寸及8英寸这5种尺寸。在实际操作中,切勿用斜口钳去剪切带电的双股导线;否则可能会导致该线缆连接的设备短路而损坏。

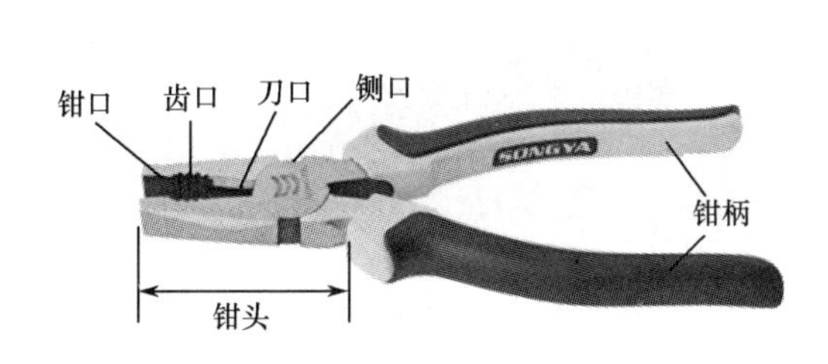

图 2.3.10　钢丝钳

图 2.3.11　斜口钳

3）尖嘴钳

尖嘴钳外形如图 2.3.12 所示，和其他钳子相比，它的钳头部细而尖，可以在狭小的空间中进行操作，因此适用于夹小型金属零件和弯曲的元器件引线，特别是在拆装底板时，在人的手伸不进的部位进行操作，就必须使用尖嘴钳。尖嘴钳常用规格为 4 ~5 英寸，使用时注意不能用尖嘴钳敲打物体或夹持螺母；也不要用尖嘴钳夹捏或切割较大的物体，以防损坏钳口；切记不要将钳头对向自己，以防误伤。

4）平嘴钳

如图 2.3.13 所示，小平嘴钳钳口直平，可用于夹弯曲的元器件管脚或导线。因其钳口无纹路，所以适用于将导线拉直和整形。但平嘴钳的钳口较薄，不宜用来夹持螺母或需施力较大的部件。

图 2.3.12　尖嘴钳

图 2.3.13　平嘴钳

5）剥线钳

剥线钳主要用来剥去导线的绝缘层，用剥线钳剥出的线头整齐，不易断裂。图 2.3.14所示为电工实训中常用两种剥线钳。压线式剥线钳上有 0.5 ~4.5mm 等多种型号导线的剥线槽。自动剥线钳的钳头分为左、右两端：一端的钳口为平滑端，用于卡紧导线；另一端的钳口有 0.5 ~3mm 等多种切口槽，用于剪切和剥落导线的绝缘层。

剥线钳在使用时只需将待剥皮的导线放入合适的槽口，同时将两钳柄合拢后放开，此时绝缘皮便会与芯线脱离。需注意的是，剥皮时不能将导线也剪断了。另外，剪口的槽合拢后应为圆形。

6）压线钳

压线钳主要用来加工线缆与连接头。图 2.3.15 所示为压线钳的外形，根据压接的连接件的大小不同，压线钳内置的压线孔直径大小也不一样。

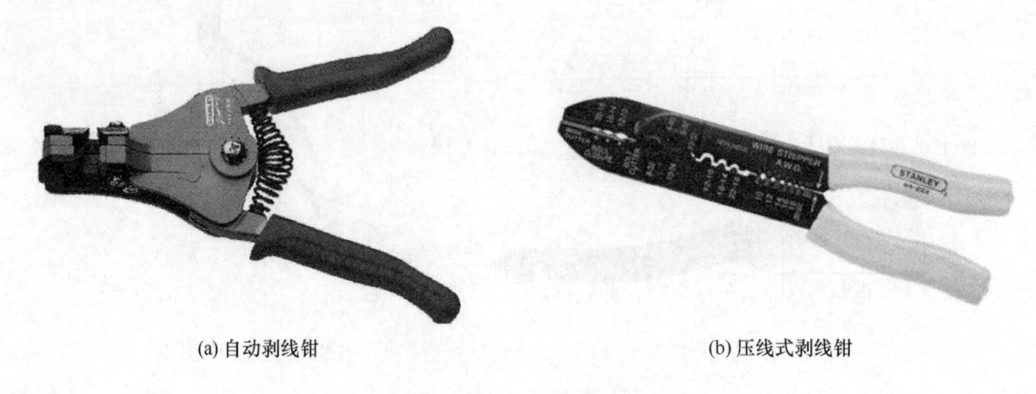

(a) 自动剥线钳　　　　(b) 压线式剥线钳

图 2. 3. 14　剥线钳

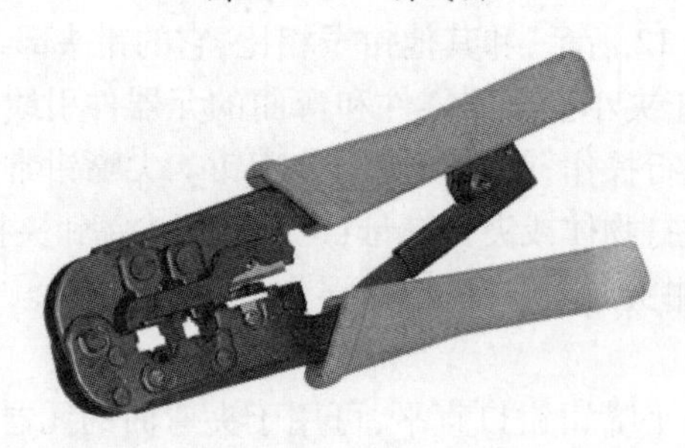

图 2. 3. 15　压线钳

2. 螺丝刀

如图 2. 3. 16 所示，螺丝刀有“一”字形和“十”字形两种，专用于紧固和拆卸螺钉。使用时，根据螺钉大小可选用不同规格的螺丝刀。但在拧时，不要用力太猛，以免螺钉滑丝。

此外，在电工实训中常见的还有无感螺丝刀，无感螺丝刀一般是用有机玻璃、胶木棒、不锈钢、木质或铜质材料等绝缘材料自制而成的，通常可用来调节中频变压器和振荡线圈中的中周磁芯，可避免调节时因人体感应而造成的干扰。自制无感螺丝刀时应根据磁芯的尺寸来确定其尺寸大小。

3. 镊子

镊子是最常用的工具之一，它有尖嘴镊子和圆嘴镊子两种。电子元器件通常比较细小，装配空间也比较狭小，镊子此时就是手指的延伸。如图 2. 3. 17 所示，镊子的主要作用是夹持导线和元器件在焊接时移动。此外，用镊子夹持元器件焊接还起到散热的作用，如在焊接二极管和三极管时，为了保护器件不被高温损坏，焊接时可用镊子夹住管脚上方，帮助散热。

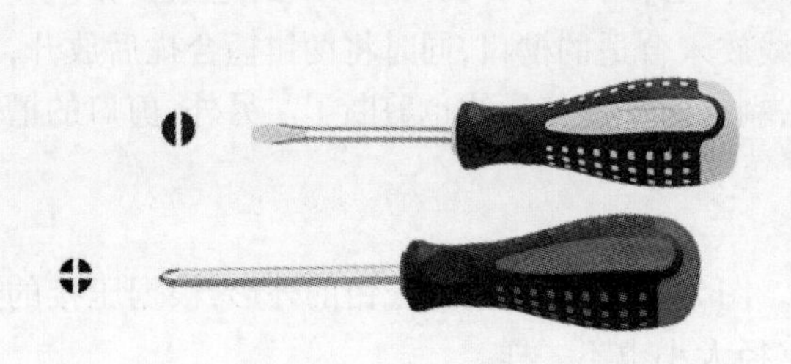

图 2. 3. 16　一字螺丝刀和十字螺丝刀

图 2. 3. 17　镊子

电子实训中应选择110～130mm的不锈钢材质的尖头镊子，这样的镊子弹性较好且尖头吻合也不错。

4. 锥子

锥子主要用来在纸板或薄胶木板上扎孔，和用来穿透电路板上被焊锡堵塞的元器件插孔。常见的锥子有塑料柄、木柄和金属柄几种，如图2.3.18所示为金属柄锥子，其中金属柄的锥头是可以更换的。

5. 毛刷和皮吹

图2.3.19所示为电工专用毛刷，毛刷是一种清除污垢的工具，一般用来清除电气设备上的灰尘、浮土等脏物，也可清理印制电路板上焊接的残渣。一般来说，可配备一只10mm左右宽的毛刷，或用排笔或文化用刷代替也可。

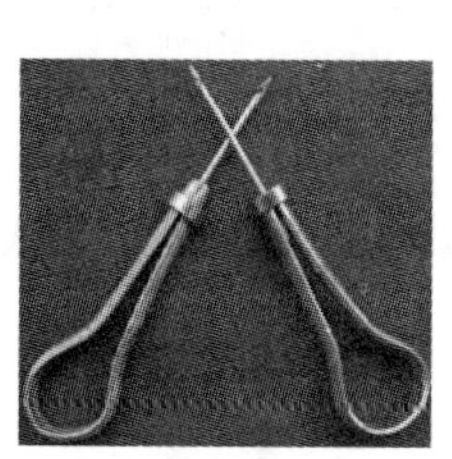

图2.3.18 锥子

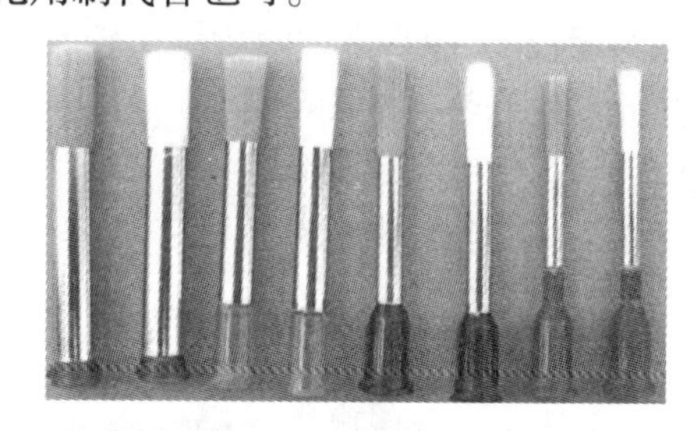

图2.3.19 电工毛刷

皮吹外形如图2.3.20所示，它又称为皮老虎，是一种利用气体来清除污垢的工具。凡用毛刷刷不到的地方，可用皮吹来对污垢进行清理。皮吹对于清理灰尘等悬浮的污垢比较有效。

6. 钢锉

钢锉类型很多，在电子实训中，通常选择图2.3.21所示的板锉。钢锉可以用来锉平机壳开孔处、印制电路板切割边的毛刺和锉掉电烙铁头上的氧化物。钢锉质地硬脆且易断裂，因此在使用时，不允许将钢锉当作撬棒、锥子等其他工具使用。使用时先仅一面用，用时要尽量充分利用钢锉的全长，一面用钝后再用另一面，这样可以延长钢锉的使用寿命。

图2.3.20 皮吹

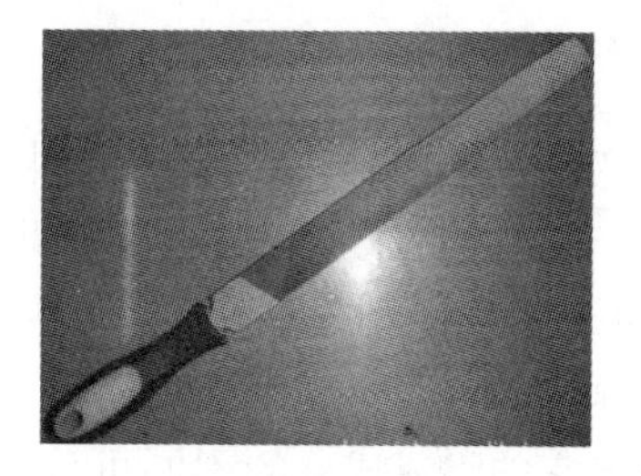

图2.3.21 钢锉

7. 热熔胶枪

热熔胶枪如图2.3.22所示，它是专门用来加热熔化热熔胶棒的工具。

热熔胶枪内部的发热元件是居里点不小于280℃的PTC陶瓷，带有紧固导热结构，热熔胶棒在加热腔中被加热熔化为胶浆后，用手扳动扳机，胶浆就会从喷嘴中挤出，以方便粘固物体。

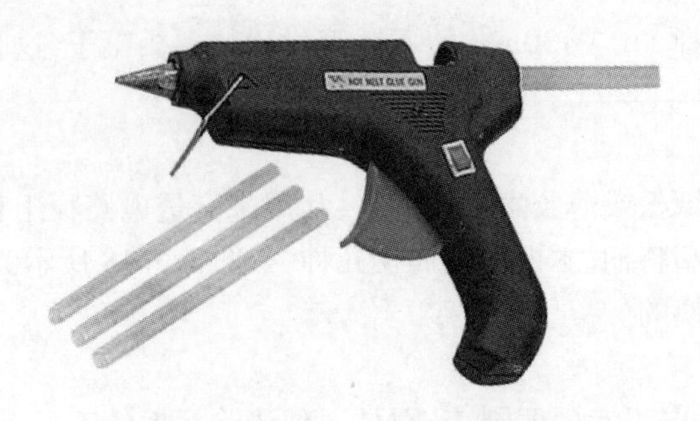

图 2.3.22　热熔胶枪

在电子实训中,热熔胶的作用是用来粘固机壳、粘固印制电路板在机壳内部、或将电子元器件粘固在绝缘板上,用它来粘固物体比较灵活快捷,且拆装方便。但需注意不能用热熔胶粘接发热元器件和强振动的部件。

8. 热风枪

热风枪如图 2.3.23 所示,又称贴片电子元器件拆焊台,是专门用于表面贴片安装电子元器件(特别是多引脚的 SMD 集成电路)的焊接和拆焊。

图 2.3.23　热风枪

2.4　焊接材料

2.4.1　焊料

电子产品在焊接时,必须要有焊料。焊料又称为钎料,是电子产品制作中经常使用的一种材料。焊料是焊接中用来连接被焊金属的易熔金属及其合金,它的熔点低于被焊金属,焊料的好坏直接影响产品的可靠性。

1. 焊料的种类

焊料按它的组成成分的不同可分为锡铅焊料、铜焊料、银焊料等。在电子产品装配中,主要使用锡铅焊料,俗称焊锡。在锡铅焊料中,熔点在 450℃以下的称软焊料;在 450℃以上的称硬焊料。电子产品装配一般是用软焊料。

焊锡一般是用锡(Sn)与低熔点金属铅(Pb)混合后得到的。为了提高焊锡的理化性能,有的焊锡中还掺入少量的锑(Sb)、银(Ag)、铋(Bi)等金属,这些微量金属对焊料的性能影响较大,添加时要根据实际情况进行选择。如要防止低温下"锡疫"现象的发生,可在锡、铅焊料中加入少量的锑,以增加焊锡的机械强度,但此时焊锡的润滑性会变差。如要增加电导率,改善焊接性能,则可在锡、铅焊料中加入少量的银,这种焊锡尤其适用于陶瓷器件有银层处的焊接及高档音响产品的电路以及各种镀银件的焊接。如要降低焊料的熔融温度,则可在锡、铅焊料中加入少量的铋、镉、铟等金属,由此可以得到低熔点的焊料。不过,需要注意的是,熔点过低会降低焊料的力学性能。

2. 焊料的特点和选用

在电子产品装配中广泛使用的锡、铅焊料具有以下特点。

(1) 熔点低。锡铅焊料的熔点最低为 180℃,比较适合用在对温度十分敏感的电子元器件的焊接上,此时可选择 25W 外热式或 20W 内热式电烙铁来进行焊接。

(2) 具有一定的机械强度。电子元器件一般来说都比较小,导线也比较细,它们对焊点的强度要求并不是特别高。锡铅合金的强度比纯锡、纯铅金属的强度要高,且本身的质量又不大,因此能满足焊点结构强度的要求。

(3) 具有良好的导电性能。锡铅焊料的电阻很小,属于良导体。

(4) 抗腐蚀性能好。锡和铅的化学稳定性较好,抗腐蚀能力也较强,锡铅合金的抗腐蚀能力则更好。因此,用锡铅焊料焊接好的印制电路板,无需涂抹任何保护层就能抵抗湿度较高大气的腐蚀,从而减少了工艺流程,降低了成本。

(5) 对元器件引线和其他导线的附着力强,不易脱落。

(6) 锡铅焊料表面形成的氧化物容易去除,助焊时只需要普通的松香焊剂就可以实现,而且使用松香焊剂的焊点可以不必清洗。

(7) 成本低。

3. 常用的锡铅焊料

目前市售的松香焊锡丝,是将助焊剂松香溶解剂包在焊锡丝中间,焊接时松香溶剂和焊锡自动混合进行焊接。这种松香焊锡丝,由于各生产厂配制的方法不一样,质量差异较大。如表 2. 4. 1 所列,不同配方的锡铅焊料,具有不同的熔点。

表 2. 4. 1　不同配方锡铅焊料的熔点

序号	配方/%	熔点/℃
1	锡 60、铅 40	180
2	锡 20、铅 40、铋 40	110
3	锡 23、铅 40、铋 37	125
4	锡 50、铅 32、镉 18	145
5	锡 35、铅 42、铋 23	150

锡铅含量为 63% 的锡与 37% 的铅混合制成的焊料熔点约为 183℃,其在熔化或凝固时不经过半熔融状态,容易得到性能优良的焊点,是铅锡焊料中性能最好的一种,这种焊料称为共晶焊锡。共晶焊锡在焊接时工艺性能是各种成分合金中最好的,具有熔点最低、熔流点一致、流动性好、铺展性好、表面张力小、强度高和导电性适中等优点。因此在电子产品生产中,采用的全部都是共晶焊锡。

从锡、铅的特点来看,锡、铅焊料中的含锡量越高,焊接时焊锡的浸润性越强;锡、铅焊料中的含铅量越高,焊接后焊点的表面耐腐蚀性能越好。但由于铅是重金属,存在毒性,因此无铅合金焊料已经得到推广。

焊料的形状有圆片、带状、球状、焊锡丝等几种。常用的是焊锡丝,市面上销售的松香夹心的焊锡丝有粗细不同的多种规格,比较适合电子产品制作时使用,可根据实际情况选用。例如,焊接较粗的元器件引脚时,可选择常见的2.5mm直径的焊锡丝;在焊接集成电路或小功率三极管时可选用直径小于1.5mm的焊锡丝。

在要求不是太高的场合,也可以自己配制焊料,即将10%的铅与90%的锡混在一起放在火炉上加热,使其熔化均匀混合后即可使用。

2.4.2 助焊剂

助焊剂是锡焊中的重要材料之一,简称焊剂,是焊料的辅助“药剂”,起到增加润湿性、帮助加速焊接的作用。焊剂的熔点要比焊料低,它的相对密度、黏度、表面张力均比焊料小。使用助焊剂可提高焊接质量,保护被焊表面不受损伤。

1. 助焊剂的作用

锡焊是熔化的焊锡和母材金属的晶体结晶组织之间发生的一种合金反应。焊接操作大多是在大气中进行的,母材金属表面和焊锡表面都会与大气中的各种成分接触并发生化学反应,产生氧化物,这层氧化物大都具有热稳定性和化学稳定性,因而会阻碍焊锡和母材成为合金。助焊剂的作用就是清除金属表面的氧化物、硫化物、油脂及其他污染物,防止在加热过程中的焊锡继续氧化。

在进行焊接时,焊剂一般都先于焊料熔化,并很快就会流浸、覆盖在焊料与被焊接金属的表面,由此可以隔离空气,防止金属表面氧化,降低焊料本身以及被焊金属的表面张力,增加焊料润湿能力的作用。

另外,助焊剂可以在焊接的高温下,与焊锡及被焊金属表面的氧化膜进行反应,使其溶解,还原出纯净的金属表面,这时液态焊料的表面才得以体现它的表面张力和润湿性能,金属间的扩散才得以进行。

综上所述,助焊剂在焊接中的作用是溶解氧化物和防止金属表面的氧化作用。

2. 助焊剂的种类

助焊剂的类型品种很多,通常分为有机焊剂、无机焊剂和树脂型焊剂三大类。

有机焊剂由有机酸、有机类卤化物等组成。这类助焊剂的酸性较高,其优点是化学作用缓和、助焊性能较好、可焊性高;缺点是具有一定的腐蚀性,残渣不易清除干净,焊接中分解的胺类物质会污染空气,对操作者可产生不良影响。因此,有机焊剂一般不单独使用,而是只作为活化剂与松香一起使用。

无机焊剂的主要成分是氯化锌、氯化铵等的混合物,它的熔点小于180℃,适用于钎焊。它化学作用强、助焊性能好、具有水溶性、活性作用较强,但腐蚀性大。由于这种强腐蚀性很容易损伤金属及焊点,因此一般电子焊接中不用,只能用于特定的场合。在使用中需要注意的是,焊接后助焊剂的残渣一定要清除干净。

树脂型焊剂是一种传统的助焊剂,它的主要成分是松香,因此又称为松香基助焊剂。松香是一种天然的树脂,在常温下呈浅黄色或棕红色,为透明玻璃状固体。松香的主要成分是松香酸和松香酯酸酐,在常温下呈中性,当加热到74℃时就可溶解且呈现出活性,随着温度的升高,作为酸开始起作用,使参加焊接的各金属表面的氧化物还原、溶解,从而起到了助焊的作用。同时松香又是高分子物质,焊接后形成的膜层具有覆盖焊点、保护焊点

磁控式恒温电烙铁外形如图 2.3.4(a)所示,它是借助强磁体传感器在达到某一温度(居里点)时会失去磁性这一特点,制成磁性开关来达到温控的目的。如图 2.3.4(b)所示,磁控式恒温电烙铁由烙铁头、加热器、强磁体传感器、永久磁铁和加热器控制开关等部件组成。

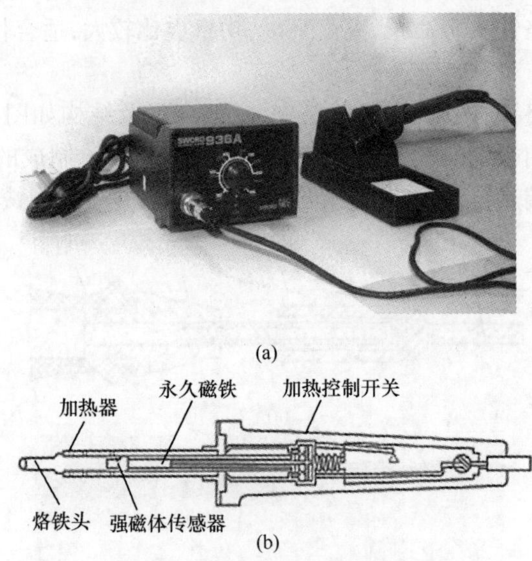

(a)

加热器 永久磁铁 加热控制开关 烙铁头 强磁体传感器

(b)

图 2.3.4 磁控恒温电烙铁结构外形

恒温电烙铁的居里点控制电路(恒温控制电路)如图 2.3.5 所示,给电烙铁通电时,加热器加热烙铁头,当温度升到强磁体传感器的居里点即预定温度时,强磁体传感器磁性消失,加热器断开,停止向电烙铁供电。当温度低于强磁体传感器的居里点时,强磁体便恢复磁性,并吸动永久磁铁,使加热器控制开关的触点接通,继续向电烙铁供电。如此循环往复,便达到了控制温度的目的。

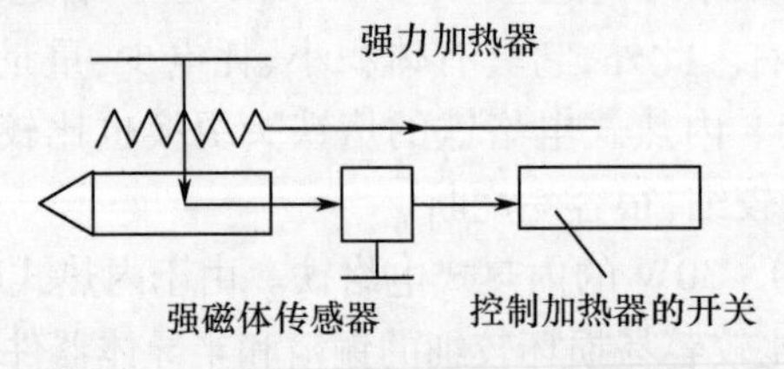

图 2.3.5 居里点控制电路

4) 吸锡电烙铁

吸锡电烙铁主要用于拆焊元器件,其烙铁头内部是真空的,而且多了一个吸锡装置,如图 2.3.6 所示,在熔化焊锡的同时就可以将焊锡吸走,使元器件与电路板分离。

2. 烙铁头的选择与维护

1) 烙铁头的形状与用途

烙铁头的作用是储存和传导热量,它的温度比被焊工件的温度高很多。烙铁头的温度除了与其功率有关外,还与它的体积、形状、长短等都有一定的关系。焊接时,需要结合各个方面综合考虑和使用不同形状的烙铁头。几种常用烙铁头的外形及其特点用途如表 2.3.1所列。

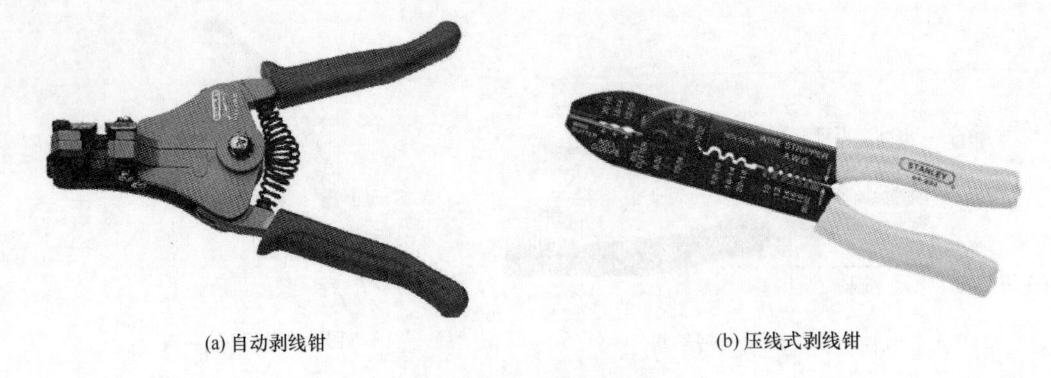

(a) 自动剥线钳　　　　(b) 压线式剥线钳

图 2.3.14　剥线钳

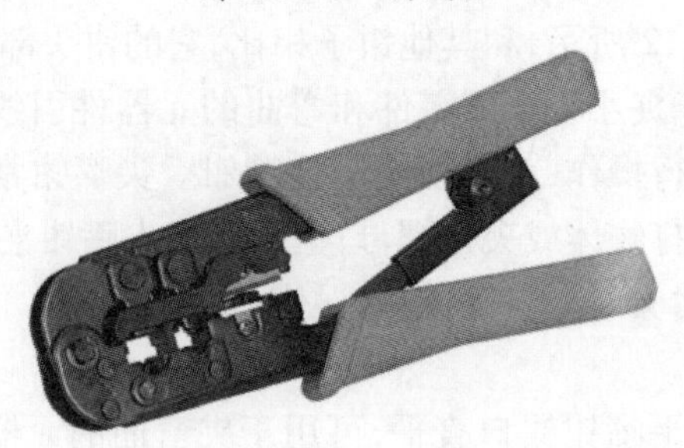

图 2.3.15　压线钳

2. 螺丝刀

如图 2.3.16 所示，螺丝刀有“一”字形和“十”字形两种，专用于紧固和拆卸螺钉。使用时，根据螺钉大小可选用不同规格的螺丝刀。但在拧时，不要用力太猛，以免螺钉滑丝。

此外，在电工实训中常见的还有无感螺丝刀，无感螺丝刀一般是用有机玻璃、胶木棒、不锈钢、木质或铜质材料等绝缘材料自制而成的，通常可用来调节中频变压器和振荡线圈中的中周磁芯，可避免调节时因人体感应而造成的干扰。自制无感螺丝刀时应根据磁芯的尺寸来确定其尺寸大小。

3. 镊子

镊子是最常用的工具之一，它有尖嘴镊子和圆嘴镊子两种。电子元器件通常比较细小，装配空间也比较狭小，镊子此时就是手指的延伸。如图 2.3.17 所示，镊子的主要作用是夹持导线和元器件在焊接时移动。此外，用镊子夹持元器件焊接还起到散热的作用，如在焊接二极管和三极管时，为了保护器件不被高温损坏，焊接时可用镊子夹住管脚上方，帮助散热。

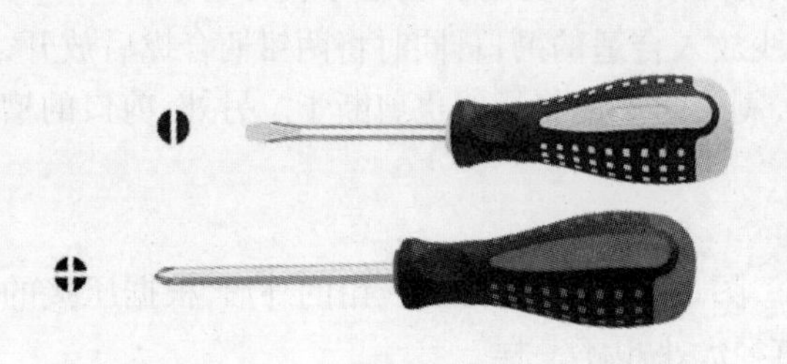

图 2.3.16　一字螺丝刀和十字螺丝刀

图 2.3.17　镊子

电子实训中应选择 110 ~ 130mm 的不锈钢材质的尖头镊子,这样的镊子弹性较好且尖头吻合也不错。

4. 锥子

锥子主要用来在纸板或薄胶木板上扎孔,和用来穿透电路板上被焊锡堵塞的元器件插孔。常见的锥子有塑料柄、木柄和金属柄几种,如图 2. 3. 18 所示为金属柄锥子,其中金属柄的锥头是可以更换的。

5. 毛刷和皮吹

图 2. 3. 19 所示为电工专用毛刷,毛刷是一种清除污垢的工具,一般用来清除电气设备上的灰尘、浮土等脏物,也可清理印制电路板上焊接的残渣。一般来说,可配备一只 10mm 左右宽的毛刷,或用排笔或文化用刷代替也可。

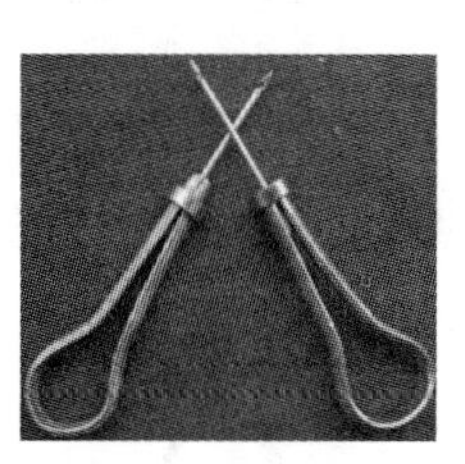

图 2. 3. 18 锥子

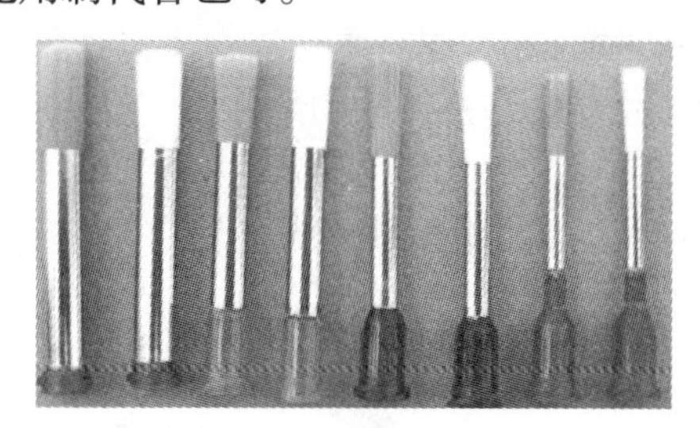

图 2. 3. 19 电工毛刷

皮吹外形如图 2. 3. 20 所示,它又称为皮老虎,是一种利用气体来清除污垢的工具。凡用毛刷刷不到的地方,可用皮吹来对污垢进行清理。皮吹对于清理灰尘等悬浮的污垢比较有效。

6. 钢锉

钢锉类型很多,在电子实训中,通常选择图 2. 3. 21 所示的板锉。钢锉可以用来锉平机壳开孔处、印制电路板切割边的毛刺和锉掉电烙铁头上的氧化物。钢锉质地硬脆且易断裂,因此在使用时,不允许将钢锉当作撬棒、锥子等其他工具使用。使用时先仅一面用,用时要尽量充分利用钢锉的全长,一面用钝后再用另一面,这样可以延长钢锉的使用寿命。

图 2. 3. 20 皮吹

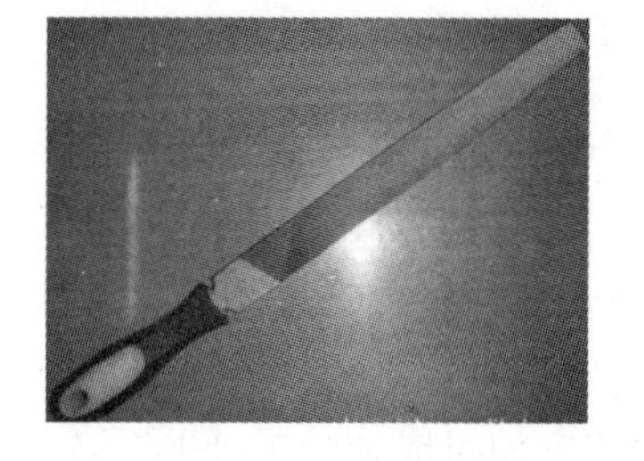

图 2. 3. 21 钢锉

7. 热熔胶枪

热熔胶枪如图 2. 3. 22 所示,它是专门用来加热熔化热熔胶棒的工具。

热熔胶枪内部的发热元件是居里点不小于 280℃的 PTC 陶瓷,带有紧固导热结构,热熔胶棒在加热腔中被加热熔化为胶浆后,用手扳动扳机,胶浆就会从喷嘴中挤出,以方便粘固物体。

不被氧化腐蚀的作用。

松香无污染、无腐蚀性、绝缘性能较好，焊接后易于清洗，应用广泛。但由于其活性差，因此在浸焊和波峰焊时，通常在松香中加入活性剂。

此外，常见的还有焊锡膏、盐酸等助焊剂。由于焊锡膏、盐酸对印制电路板和烙铁头有极大的腐蚀性，在焊接过程中还会产生较难闻的气味，这类助焊剂将元器件焊接好后，如不及时将残余的助焊剂清理干净，过一段时间后，印制电路板必将被腐蚀而损坏，由此就留下了故障的隐患。

因此，助焊剂最好选用松香，因为松香对所焊接的元器件、电路板等均没有腐蚀作用，对烙铁头也能起到一定的保护作用，绝缘性也比较好。另外，由松香作为基料，也可以配制多种助焊剂供使用。

3. 助焊剂的选用

电子元器件的引脚大多采用搪锡或金、银、镍等金属，不同的金属选择助焊剂的要求也不完全一样，表 2.4.2 所列为不同金属对助焊剂的选择。

表 2.4.2　不同配方锡铅焊料的熔点

金属	可焊性	松香焊剂		有机焊剂	
		无活性	轻度活性	活化	水溶性
铂、金、铜、银、镀镉、锡(热镀)、镀焊剂	易于焊接	适合	适合	适合	适合
铅、黄铜、青铜、铑、镀镍、镀铜合金	较易焊接	不适合	不适合	适合	适合
镀锌、铁、镀镍合金、铁镍合金、低碳钢	难以焊接	不适合	不适合	不适合	适合
铬、镍铬合金、镍铜合金、不锈钢	很难焊接	在电子产品应用中需要预涂层	在电子产品应用中需要预涂层	在电子产品应用中需要预涂层	不适合
铝、铝青铜合金	最难焊接	在电子产品应用中需要预涂层	在电子产品应用中需要预涂层	在电子产品应用中需要预涂层	—
镍、钛	不可焊接	—	—	—	—

目前，常用的国产助焊剂有 201 焊剂、SD 焊剂、盐酸二乙胺焊剂、盐酸苯酐焊剂、HY－3焊剂、TH－1 焊剂和 201－1 焊剂。其中，201 焊剂主要用于元器件引线搪锡、浸焊和波峰焊；SD 焊剂主要用于浸焊和波峰焊；盐酸二乙胺焊剂主要用于手工焊接、零部件及元器件的焊接；盐酸苯酐焊剂主要用于零部件的手工焊接以及元器件引线的搪锡；HY－3 焊接主要用于浸焊及波峰焊；TH－1 焊剂主要用于印制电路板的预涂和防止氧化；201－1 焊剂主要用于印制电路板的保护。

选用助焊剂时，要同时考虑焊接的方式和焊剂的主要用途。手工电烙铁焊接时，一般使用活性焊锡、固体焊剂或糊状焊膏，而尽量不要选择液体焊剂。此外，选用助焊剂时还应注意它的生产日期，防止因存放时间长而导致其氧化和挥发，活性变差，进而影响助焊剂的质量。

4. 助焊剂使用的注意事项

常用的松香助焊剂在超过 60℃时，绝缘性能会下降，焊接后的残渣对发热元器件有较大的危害,所以要在焊接后清除焊剂残留物。

正确合理地选择助焊剂,还应注意以下两点。

(1) 在元器件加工时,当引线表面状态不太好,又不便采用最有效的清洗手段时,可选用活化性强和清除氧化物能力强的助焊剂。

(2) 在总装时,焊件基本上都处于可焊性较好的状态,可选用助焊剂性能不强、腐蚀性较小、清洁度较好的助焊剂。

2.4.3 阻焊剂

阻焊剂是一种耐高温的涂料。在焊接时,可将不需要焊接的部位涂上阻焊剂保护起来,使焊料只在需要焊接的焊接点上进行,以防止焊接过程中的桥接、短路等现象发生。阻焊剂的使用对高密度印制电路板尤为重要,它可以降低返修率、节约焊料,使焊接时印制电路板受到的热冲击小,板面不易起泡和分层。常见的印制电路板上的绿色涂层即为阻焊剂。

1. 阻焊剂的优点

(1) 可避免或减少浸焊时桥接、拉尖、虚焊和连条等弊病,使焊点饱满,大大减少板子的返修量,提高焊接质量,保证产品的可靠性。

(2) 使用阻焊剂后,除了焊盘外,其余线条均不上锡,可节省大量焊料。另外,由于受热少、冷却快、降低了印制电路板的温度,所以起到了保护元器件和集成电路的作用。

(3) 板面部分为阻焊剂膜所覆盖,增加了一定硬度,是印制电路板很好的永久性保护膜,还可以起到防止印制电路板表面受到机械损伤的作用。

2. 阻焊剂的分类

阻焊剂的种类很多,按照其成膜材料是加热固化还是光照固化,一般分为热固化和光固化两种。

(1) 热固化阻焊剂使用的成膜材料有酚醛树脂、环氧树脂、氨基树脂和醇酸树脂等。它们均可单独使用或混合使用,也可对它们进行改性使用。这些成膜材料一般都需要在130~150℃下加热固化。

热固化阻焊剂的优点是附着力强,能耐300℃高温,价格便宜,粘接强度高。缺点是含有溶剂,毒性大;加热温度高,时间长,即要在200℃高温下烘烤2h,因此印制电路板易翘曲变形,而且加热时间过长还导致能源消耗大;不能实现连续化的生产工艺,因此生产周期长。

(2) 光固化阻焊剂又称光敏阻焊剂,它使用的成膜材料是含有饱和乙烯树脂、不饱和聚酯树脂、丙烯酸环氧脂等。它的优点是固化时间短,在高压汞灯照射下,只要2~3min就能固化,节约了大量能源,大大提高了生产效率,便于组织自动化生产。另外,其毒性低,减少了环境污染。不足之处是它溶于酒精,能和印制电路板上喷涂的助焊剂中的酒精成分相溶而影响印制电路板的质量。

目前,热固化阻焊剂逐渐被淘汰,光固化阻焊剂被大量应用。

2.5 手工焊接的基本方法

手工焊接是焊接技术的基础,是指采用电烙铁对元器件或零件进行焊接的一种方法。

在电子产品制作的初始试制阶段、小批量生产的小型化产品、一般结构的电子整机产品、某些不便于机器焊接的场合以及调试和维修中,大多采用手工焊接方式来对元器件以及印制电路板的焊点进行焊接。

2.5.1 焊接前的准备

焊接前,可根据被焊件的大小,准备好电烙铁、镊子、剪刀、斜口钳、尖嘴钳、焊锡、松香等工具。然后检查烙铁头是否完好可用,接下来就应该进行元器件的插装、引线加工成型、镀锡处理等准备工作。

1. 电烙铁的准备

在进行手工焊接之前,通常应对电烙铁进行以下几个方面的准备工作。

(1) 对电烙铁的性能进行检查,尤其是其电源线,看其是否有漏电处,电烙铁的外壳有无漏电,接地线连接是否良好。此项检查的目的,就是确保人身安全。

(2) 对于可以调节温度的电烙铁,应根据焊件的具体情况,调节好电烙铁的工作温度。

(3) 对于准备好的电烙铁,应先对其进行镀锡处理,以便使烙铁头能带上适量的焊锡。要不时地用烙铁头蘸一下松香,使焊锡与电烙铁的工作面总是被一层松香的油膜包裹着。

2. 元器件的插装

如图 2.5.1 所示,元器件在印制电路板上有两种插装方式,一种是卧式插装,另一种是立式插装。卧式和立式插装各有优、缺点,在元器件插装时需根据实际情况灵活选用。

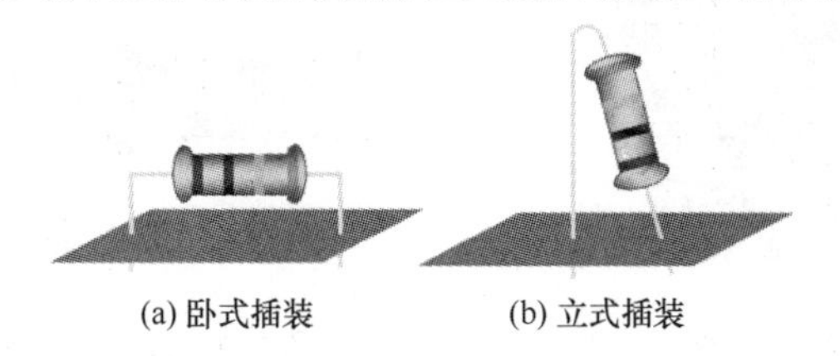

图 2.5.1 元器件的插装方式

卧式插装指元器件平放在印制电路板上,它们之间呈平行放置的状态。卧式插装不易受到外界挤压和震动的干扰,因此机械稳定性好,从外观上看,整个电路板的排列也比较整齐美观。但卧式插装占用的面积较大,因此一般适用于较大的印制电路板。

立式插装是指元器件直立在印制电路板上,它们之间几乎是垂直的。立式插装占用面积小,但元器件受挤压或震动后,容易导致元器件管脚触碰而产生短路。因此这种插装方式一般适用于印制电路板较小,元器件较多,要求元器件在印制电路板上排列紧凑密集的产品。

常用元器件在印制电路板上的安装如图 2.5.2 所示。在印制电路板上插装各个元器件时,元器件既不能紧贴印制电路板,也不能离印制电路板太远,一般来说,元器件与板面留有 2 ~ 4mm 的空隙即可,三极管还要高一些。具体来讲,贴板插装的元器件底面与印制电路板之间的间隙应在 1mm 以内,悬空插装的电阻元器件底面与印制电路板之间的高度则与磁珠高度有关,小管帽晶体管悬空插装时管帽底面与印制电路板的垂直间距为 4mm

±1mm,立式插装元器件的长引线需套热缩管套。这样焊接好的印制电路板既整齐又美观,还具有基本的工艺水平。

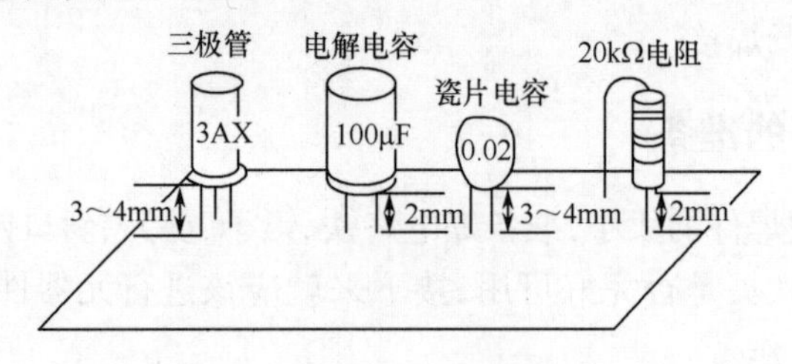

图 2.5.2 元器件的放置高度

3. 引线弯制成形

元器件引线弯制成形时,应根据焊盘孔的间距及装配要求的不同来处理。一般来说,元器件引脚的跨距与焊盘孔的跨距大致相等,如图 2.5.3 所示。此外,元器件引脚加工的形状应有利于元器件焊接时的散热和能够保证焊接后的机械强度。

如图 2.5.4 所示,加工时,可距离元器件根部 1～2mm 处用镊子或小螺丝刀夹住引线,然后弯制成形。注意:不能从根部弯曲元器件引线,以防将引线齐根弯折而损坏元器件。

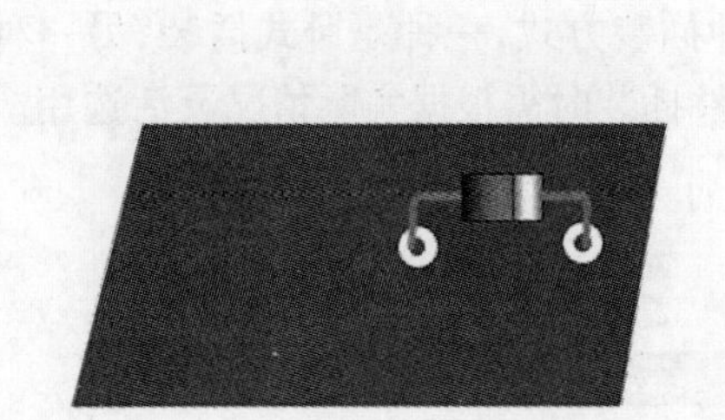

图 2.5.3 元器件引线的弯制成形(1)

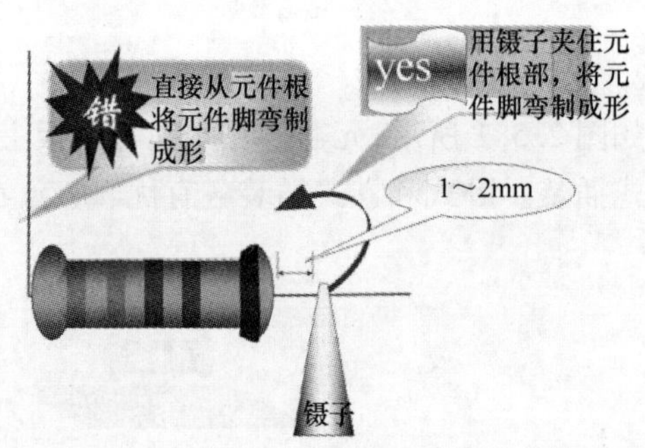

图 2.5.4 元器件引线的弯制成形(2)

成形后的元器件,在焊接时,需尽量保持其排列整齐,同类元器件要保持高度一致。卧式插装时,各元器件的符号标识向上;立式插装时,各元器件的符号标识向外,以方便检查。

4. 元器件引线的镀锡处理

焊接前要将元器件引线刮干净,被焊件表面的氧化物、锈斑、油污、灰尘及杂质等都要清理干净,最好是先镀锡再焊接。

元器件引线一般都镀有一层薄的钎料,多数是镀了锡、金、银或镍金属的。这些金属的焊接性能本身就各不相同,而且长时间放置会使引线表面产生一层氧化膜,这对焊接质量有着较大的影响。因此,除了少数具有良好焊接性能的银、金镀层的引线外,大部分元器件在焊接前都需要重新镀锡。

镀锡就是用液态焊剂使被焊金属表面湿润,形成一层既不同于被焊金属又不同于焊锡的结合层。这一结合层产生后,就会将焊锡与待焊金属这两种性能和成分都不相同的材料牢固地连接起来。

镀锡前，要先将氧化物处理干净，如果是镀银的引线则需用小刀将氧化物全部刮去；如果是镀金的引线则不能用小刀刮，而是用橡皮擦掉氧化物即可；新的元器件通常是镀铅锡合金的，只要镀层光亮，用橡皮擦干净即可。去除氧化物后，将它们的引线放在松香或松香水里蘸一下，用电烙铁给引线镀上一层很薄的锡即可。

2.5.2 手工焊接基本操作步骤

要想得到良好的焊点，除了应掌握好电烙铁的温度与焊接时间，选择合适的烙铁头以及掌握焊点正确的接触位置外，焊接步骤也很重要。

焊接时双手要互相配合、协调一致，通常是用右手握着电烙铁，左手捏着焊锡丝来进行操作。焊接时要掌握正确的操作方法和步骤，才能焊接出质量合格的焊点，焊接步骤如图 2.5.5 所示。

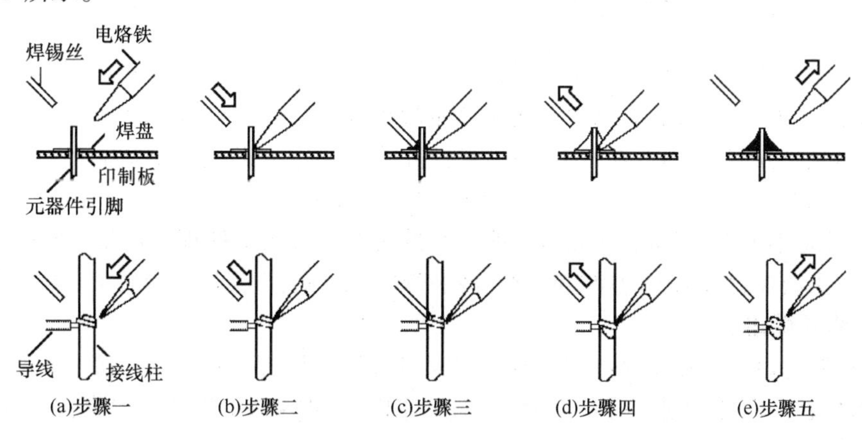

图 2.5.5 焊接步骤示意图

1. 准备

首先把被焊元器件、焊锡丝准备好，电烙铁提前 3 ~ 5min 打开电源，使电烙铁温度升至适合焊接的温度，如图 2.5.5(a)所示。

此时可按照以下方法检测电烙铁是否已经可以进行焊接：电烙铁接通电源后，稍等片刻，然后让烙铁头接触松香，如松香熔化，表明烙铁头已经发热，但可能还不能熔化焊锡；如烙铁头一碰到松香就听见“嗞嗞”声，且可以看见松香冒出白烟，表明电烙铁已经达到熔化焊锡的温度，即可进行焊接。

注意：切不可用手摸或者使烙铁头靠近皮肤的方法来检验电烙铁是否已经发热！

烙铁头被加热后，通常在一块蘸有水的海绵（或松香）上轻轻地擦拭，以除去烙铁头上的氧化物残渣。这里的擦拭海绵加水量，以用手紧握海绵不能挤出水为合适。

焊接前还应将桌面清理干净，与焊接无关的元器件均不要放在桌面上。

2. 加热被焊件

如图 2.5.5(b)所示，把达到预定温度的烙铁头斜剖面从右侧顶在元器件引脚根部和焊盘上，并使电烙铁与电路板平面呈 45°角，同时加热焊盘与元器件引脚。

此时需注意的是，烙铁头必须同时接触元器件的引脚与焊盘，使两者同时发热，加热时间根据焊接面积的大小而定。

焊接时，掌握好加热时间很重要，焊接时间能保证焊点圆滑光亮即可。在焊接印制电路板上的某些晶体管的引脚时，焊一个点需加热2～3s，最好不要超过5s。焊接时间不能太短也不能太长。加热时间太短则焊点温度低，焊锡还未充分熔化，松香等助焊剂还未完全汽化与挥发，在焊锡与焊件之间留有一层松香，从而就会造成虚焊。加热时间过长则有可能烧坏所焊接的元器件或使铜箔焊盘脱落。因此，必须根据所焊接的元器件掌握好加热时间。

3. 送焊锡丝

当被焊件的加热面被加热到一定温度时，立即用左手将焊锡丝从左侧（烙铁头斜剖面的对面）送到被焊接的引脚上熔化适量的焊锡。注意焊锡丝不能直接送到烙铁头上。焊锡丝熔化后，焊点很快形成。焊锡丝熔化的时间长短决定了焊点的大小，操作时应根据焊点的大小来控制送焊锡丝的量，使焊点大小均匀。正确的送焊锡方法如图2.5.5(c)所示。

必须注意的是，焊接时，焊锡的用量根据焊点的大小来确定，焊锡量应当适中，不能太多，也不能太少。一般来说，以焊锡能充分淹没焊盘为宜。如果焊锡过多，会造成焊点内的焊锡不能充分熔化，而使焊接不牢；一旦充分熔化，过多的焊锡又会流淌，有可能导致某些部位出现短路现象。既不美观，又浪费焊料。如果焊锡过少，又会造成焊点的机械强度不够，焊接也不牢固，容易引起元器件或导线的脱落。焊点上的焊锡用量，以熔化后刚好浸没引线头或在较大部位的焊接时刚好浸满焊缝为原则，以保证焊接质量。

4. 移开焊锡丝

当焊锡丝熔化并覆盖焊盘和元器件引脚，形成的焊点大小适中后，按照图2.5.5(d)所示，将捏在左手的焊锡丝沿左边45°方向迅速撤去，并保持电烙铁的加热状态不变。

5. 移开电烙铁

移开焊锡丝后继续保持加热状态1s左右，以保证焊锡与被焊元器件充分的热接触，从而提高焊接的可靠性。接着迅速将电烙铁沿斜上方45°方向撤走。此时需注意的是移开电烙铁的方向和速度的快慢直接影响了焊接的质量，操作时需特别注意。

完成以上五步以后，在焊锡尚未完全凝固前，不要移动被焊元器件和焊盘，以防出现虚焊现象。接着，一个既美观又牢固的焊点就完成了。

有些初学者怕自己焊接得不牢固，往往焊接时间过长，这样做会使焊接的元器件因过热而损坏。也有些初学者怕把元器件烫坏，在焊接时烙铁头轻轻点几点就离开焊接位置，这样虽然焊点上也留有焊锡，但会造成不牢固的假焊或虚焊，会给制作带来严重的隐患。

以上介绍的五步焊接法具有焊接速度快、焊接质量高的特点，适用于多个元件快速焊接，但所用焊锡丝必须要有松香芯；否则容易出现焊点不沾锡的现象。焊锡丝直径的选择应根据焊点的大小确定，一般选择直径为0.8mm或1mm的焊锡丝。

2.5.3 手工焊接操作要领

1. 焊锡丝的拿法

焊接加热挥发出的化学物质对人体是有害的，如果操作时鼻子距离烙铁头太近会将有害气体吸入，所以在焊接时应保持烙铁距口鼻的距离不小于20cm，通常最好保持在30cm以上的距离。

焊锡丝有两种拿法,如图 2.5.6 所示。连续焊接时,一般用拇指和食指握住焊锡丝,焊锡丝从掌中穿过,其余三手指配合拇指和食指把焊锡丝连续向前送进,如图 2.5.6(a)所示。这种焊锡丝的拿法适用于成卷焊锡丝的手工焊接。进行小段焊锡丝的焊接时,可采用图 2.5.6(b)所示的焊锡丝的拿法,此时焊锡丝不能连续向前送进。

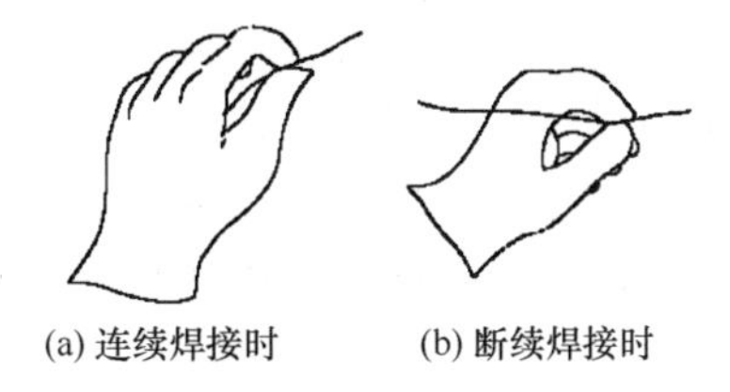

(a) 连续焊接时　　(b) 断续焊接时

图 2.5.6　焊锡丝的拿法

由于焊锡丝成分中含有一定比例的铅,众所周知,铅是对人体有害的重金属,因此操作时应戴上手套或操作后洗手,以免食入。

2. 焊剂、焊料要适度

焊剂的量要根据被焊面积的大小和表面状态适量施用,焊接好的焊点应当侧面看呈火山状,从焊点上锡面能隐约分辨出引脚轮廓。焊剂用量过少会影响焊接质量,过多会造成焊后焊点周围出现残渣,使印制电路板的绝缘性能下降,同时还可能造成对元器件和印制电路板的腐蚀。对于开关元件的焊接,过量的焊剂容易流到开关触点处,从而造成接触不良。

焊料使用也应当适中,既不能太多也不能太少。焊锡使用过量不仅浪费焊锡、焊接时间增加,相应地降低了工作效率,而且焊点会过大影响美观。在高密度的电路板上焊接时,焊锡过量会导致不易察觉的短路。反过来,如果焊锡过少,则焊点会不牢靠而造成脱落。

焊接时要防止焊锡到处流动,到处流动的焊锡容易造成焊点与焊点的短路。

3. 焊接的温度和时间要掌握好

在焊接时,电烙铁不宜温度过低,焊接时间也不能过短。这样被焊件才能达到适当的温度,固体焊料才能迅速熔化润湿。如果焊接温度过低,焊锡不能熔化与润湿、流动性差,焊出来的锡面就会带有毛刺,且表面不光滑,甚至呈豆腐渣样,形成虚、假焊。此时,稍一用力就能使已焊好的元器件脱落。电烙铁的温度也不宜过高;否则一旦焊接时间稍长就会造成焊锡面氧化,焊锡流散,使焊点不吃锡,连接元器件引脚和焊盘的焊锡就会很少,接触电阻很大,造成虚焊。此外,烙铁温度过高还会造成印制电路板敷铜箔条卷曲脱落,元器件过热损坏等现象。

特别值得注意的是,当使用天然松香焊剂且锡焊温度过高时,很容易使锡焊的时间随被焊件的形状、大小不同而有所差别,但总的原则是看被焊件是否完全被焊料所润湿(焊料的扩散范围达到要求后)。通常情况下,烙铁头与焊点的接触时间以使焊点光亮、圆滑为宜。如果焊点不亮并形成粗糙面,说明温度不够,时间太短,此时需要提高焊接温度,只要将烙铁头继续放在焊点上多停留些时间即可。

4. 焊料的施加方法

焊料的施加方法可根据焊点的大小及被焊件的多少而定。

将引线焊接于接线柱上时，首先将烙铁头放在接线端子和引线上，被焊件经过加热达到一定温度后，再给烙铁头位置少量焊料，使烙铁头的热量尽快传到焊件上，当所有的被焊件温度都达到了焊料熔化温度时，应立即将焊料从烙铁头向其他需焊接的部位延伸，直到距电烙铁加热部位最远的地方，并等到焊料润湿整个焊点，一旦润湿达到要求，要立即撤掉焊锡丝，以避免造成堆焊。

如果焊点较小，最好使用焊锡丝。应先将烙铁头放在焊盘与元器件引脚的交界面上，同时对二者加热。当达到一定温度时，将焊锡丝点到焊盘与引脚上，使焊锡熔化并润湿焊盘与引脚。当刚好润湿整个焊点时，及时撤离焊锡丝和电烙铁，焊出光洁的焊点。

如果没有焊锡丝，且焊点较小，可用电烙铁头沾适量焊料，再沾松香后，直接放于焊点处，待焊点着锡并润湿后便可将电烙铁撤走。撤电烙铁时，要从下面向上提拉，以使焊点光亮、饱满。要注意把握时间，如时间稍长，焊剂就会分解，焊料就会被氧化，将使焊接质量下降。

如果电烙铁的温度较高，所沾的焊剂很容易分解挥发，就会造成焊接焊点时焊剂不足。解决的办法是将印制电路板焊接面朝上放在桌面上，用镊子夹一小粒松香焊剂（一般芝麻粒大小即可）放到焊盘上，再用烙铁头沾上焊料进行焊接，就比较容易焊出高质量的焊点。

5. 采用正确的方法撤离烙铁头

合理地利用烙铁头并及时撤离烙铁头，可以帮助控制焊料量及带走多余的焊料，而且撤离时角度和方向的不同，对焊点的形成也有一定的关系。焊点形成后烙铁要及时向后上方45°方向撤离，这样会使焊点圆滑、烙铁头带走少量的焊料。

6. 焊点的重焊

当焊点一次焊接不成功或上锡量不够时，要重新焊接。重新焊接时，必须等上次的焊锡一同熔化并融为一体时，才能把电烙铁移开。

7. 焊点凝固前不要触动

焊锡的凝固过程是结晶过程，根据结晶理论，在结晶期受到外力（焊件移动）会改变结晶条件，形成大颗粒结晶，焊锡迅速凝固，造成“冷焊”，即表面呈豆渣状。若焊点内部结构疏松，容易有气隙和裂缝，从而造成焊点强度降低，导电性能差，被焊件在受到震动或冲击时就很容易脱落、松动。同时微小的震动也会使焊点变形，引起虚焊。虚焊是指焊料与被焊物表面没有形成合金结构，只是简单地依附在被焊金属的表面上，所以焊点上的焊料尚未完全凝固时不要触动。

8. 焊接后的处理

在焊接结束后，应将焊点周围的焊剂清洗干净，并检查电路有无漏焊、错焊、虚焊等现象。用镊子将每个元器件拉一拉，看有无松动现象。

2.5.4 手工焊接注意事项

（1）电烙铁必须预热升温足够；否则焊锡就会熔化得很慢，需要更长的焊接时间，导致被焊元器件与电烙铁接触时间过长，从而使过多的热量传送给元器件，导致元器件受损（如电容器塑封熔化，电阻受热阻值改变等）。尤其要注意的是晶体管，当温度达到100℃以上时晶体管管芯就会损坏。

(2) 焊接晶体管等易损器件时,需用镊子或尖嘴钳夹住引脚根部帮助散热。

(3) 焊接时不要用烙铁头来回摩擦焊接面或用力触压,只要加大烙铁头斜剖面镀锡部分与焊接面的接触面积,就能有效地把热量由烙铁头导入焊点部分。

(4) 在焊接完成移开电烙铁后,要等到焊点上的焊锡完全凝固(4~5s),再松开固定元器件的镊子或手;否则焊接件的引脚有可能脱落,或焊点表面呈豆腐渣样。

(5) 焊接后,如发现焊点拉出尾巴,可用烙铁头在松香上蘸一下,再补焊即可消除。若出现渣滓棱角,说明焊接时间过长,需清除杂质后重新焊接。

(6) 焊接集成电路等高输入阻抗的元器件时,即使很小的输入电流都会对电路产生影响,此时若无法保证电烙铁外壳可靠接地,则应拔下电烙铁电源插头后利用余热焊接。

(7) 印制电路板焊接应先焊电阻,然后再焊电容等体积较大的元器件,最后再焊不耐热的三极管、集成电路等。

(8) 焊接大型元器件及底盘焊片时,需采用45~75W的电烙铁,加热时间要充分,防止虚焊。

(9) 要及时清理焊接中掉下来的锡渣,以防以后造成隐患。

(10) 焊接要细心,尤其对三极管和电解电容的极性,必须确认无误后方可焊接;否则容易产生错焊,导致故障。

(11) 在焊接元件密度大、电路复杂的产品时,要注意不要烫伤周围的元器件及导线。必要时可先将周围的元器件暂时移动位置,待焊接完成后再将它们恢复到原来的位置。

2.5.5 焊接质量检测

焊点的质量决定了电路的电气连接是否可靠、力学性能是否牢固、外表是否光洁美观。

1. 焊点的质量要求

电路板焊完以后,要认真进行目测。可先将元器件一一拨正,一一查看。合格的焊点不仅没有虚焊,并且焊锡用量合适,焊点大小均匀对称,表面的金属应光洁、平滑、均匀、无气孔、无裂纹、无凸块、无焊剂残渣,没有拉尖、裂纹等缺陷,焊点应显露出引线轮廓。

1) 焊点上的焊锡量应适当

良好的焊点应做到焊锡量适当。焊锡过少不仅会影响机械强度,而且由于表面氧化层逐渐加厚,会导致焊点早期失效。焊锡过多,既增加成本,又容易造成焊点短路,有时也会掩盖焊接的缺陷。

在印制电路板上焊接时,焊料要布满焊盘,外形要以焊接导线为中心,匀称、呈裙形拉开,焊料的连接面应呈半弓形凹面,焊料与焊件的交界要平滑,接触角尽可能小。假如将焊点以元器件引脚为中心轴剖开,焊点剖面应呈对称的"双曲线",表面的金属光洁是焊接温度适合的典型特征。合格的焊点形状为近似圆锥状,并且表面微凹呈慢坡状,如图2.5.7所示。虚焊点表面往往呈凸形,可以鉴别出来。

焊锡量太少不牢靠,焊锡量过多会焊埋线头,反而容易导致虚焊。虚焊会使焊点成为有接触电阻的不可靠的连接状态,进而会造成电路工作不正常或不稳定,噪声增加,也容易使虚焊件脱落。

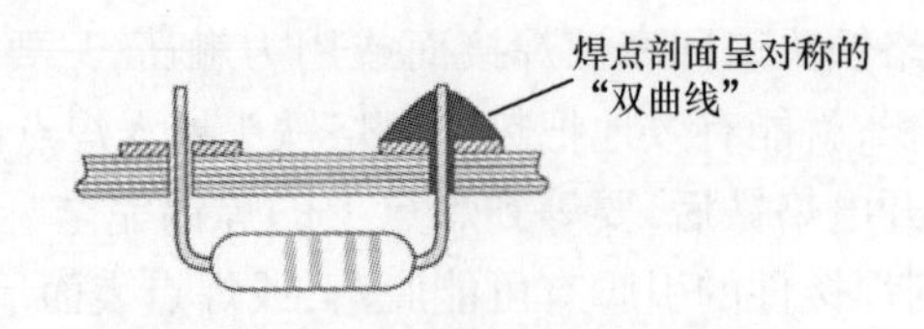

图 2.5.7　良好的焊点外形示意图

2）焊点焊接要可靠、保证导电性能

焊点的质量将会直接影响导电性能。

要保证被焊件间能稳定可靠地通过一定的电流，就必须做到焊料与被焊件的表面能形成合金层，而绝不是把焊料简单地堆附在焊件的表面上，或只有一小部分形成合金层，而其余部分未形成合金层。这种焊料与被焊物表面未形成合金层的简单堆附或部分形成合金层的锡焊被称为虚焊。

一般用仪表测量很难发现虚焊，虚焊的焊点在短期内也可能会稳定、可靠地通过额定电流，但时间一长，未形成合金的表面经过氧化就会出现通过的电流变小或时断时续地通过电流，也可能通不过电流造成断路，导致产品的质量问题。因此，要想保证电子产品能长期稳定、可靠地工作，首先要杜绝虚焊现象的发生，确保焊点接触良好。

3）具有一定的机械强度

焊点的作用是连接两个或两个以上的元器件，为使被焊件不脱落，不仅要使焊点电气接触性能良好，而且还必须具有一定的机械强度。

锡焊所用焊料的主要成分是锡和铅，这两种金属的机械强度都比较低，为增加焊点的强度，一般要求被焊件端子表面形成合金层的面积要足够大，甚至可把被焊元器件引线管脚折弯后再进行焊接，以保证机械连接强度。焊接时焊料也不能太少，否则也会影响焊点的强度。

4）焊点表面应光滑、清洁、有光泽

良好的焊点表面应光亮且色泽均匀，无裂纹、无针孔、无夹渣。焊点表面有金属光泽不仅仅是外表美观的要求，更是焊接温度合适、生成合金层的标志。

导致焊点表面不光滑现象的原因主要是由于焊接温度过高，还有撤离烙铁头的方向、速度及焊剂有关。在焊接过程中，如果所用的焊剂过多或助焊剂未能充分挥发，就会造成焊点的颜色不均或无光泽。

焊点表面存在毛刺、空隙，不仅会影响美观，还会给电子产品带来危害，尤其在高压电路部分，将会产生尖端放电而损坏电子设备。

焊点表面的污垢，尤其是焊剂的有害残留物质，如果不及时清除，酸性物质会腐蚀元器件引线、接点及印制电路板，吸潮会造成漏电甚至短路、燃烧等而带来严重隐患。

2. 焊点的质量检查

焊接结束后，为保证产品质量，要对焊点进行检查。焊接完毕后，首先通过目测的方法从外观上检查焊接质量是否合格，即从外观上评价焊点有无虚焊、假焊、焊料堆积或拉尖等缺陷。然后用手触摸和摇晃元器件，检查焊点有无松动、不牢和脱落的现象。也可用镊子夹住元器件引线轻轻拉动，观察有无松动现象。在外观及连线检查无误后，即可通电检查电路性能是否良好。通电检查是检验电路性能的关键,它可以发现目测和手摸观察不到的缺陷,如电路桥接、虚焊等。表 2.5.1 所列为通电检查可能出现的部分故障及其原因分析。

表 2.5.1　通电检查可能出现的故障及其原因

通电检查结果		原因分析
元器件损坏	失效	过热损坏、烙铁漏电
	性能降低	烙铁漏电
导通不良	短路	桥接、焊料飞溅
	断路	焊锡开裂、松香夹渣、虚焊、插座接触不良
	时通时断	导线断丝、焊盘脱落等

3. 典型不良焊点外观及其原因分析

常见的焊点缺陷有虚焊、假焊、焊料堆积、拉尖等。如图 2.5.8 所示,有缺陷的焊点归纳起来主要有以下几种。

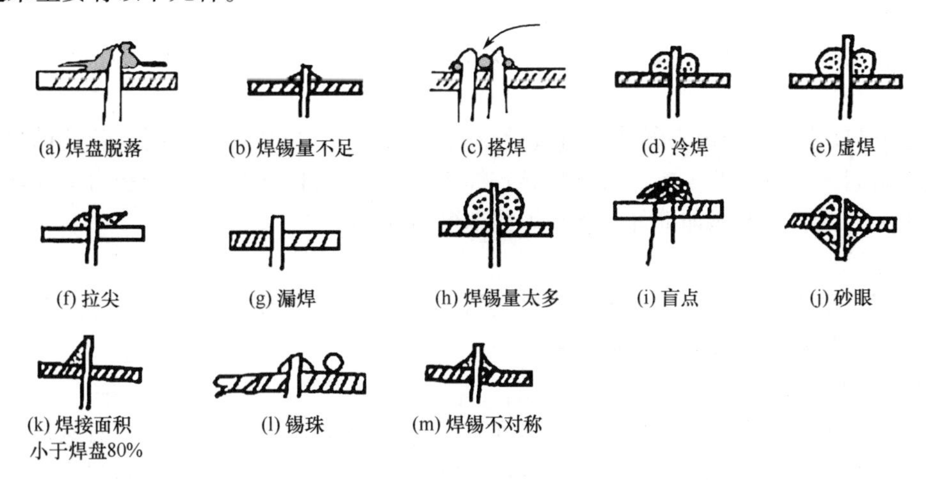

图 2.5.8　有缺陷焊点示意图

1) 焊盘脱落

焊盘脱落也就是通常所说的开焊,它是指焊接后焊盘与电路板表面分离,严重的可能出现焊盘完全断裂的现象,如图 2.5.8(a)所示,此时焊点发白且无金属光泽,表面比较粗糙。焊盘脱落一般都是由于手工焊接时未能掌握好焊接操作要领、焊接温度过高、加热时间过长、多次焊接、焊盘受力等原因导致的。焊盘脱落极易引发元器件开路、电气断路的故障。因此,只有加强训练,反复练习,熟练掌握焊接要领,才能避免这样的问题出现。

2) 焊锡量不足

焊锡量不足是指焊点上的焊锡不够,如图 2.5.8(b)所示。从外观上看,此时焊料未形成平滑面,这是由于焊锡撤离过早引起的,它会导致元器件的机械强度不足、导电性能较弱,受到外力或长期使用后也会导致脱焊、开路等故障。

3) 搭焊

搭焊是指两个或两个以上不应相连的焊点之间的焊锡相连或焊点的焊锡与相邻导线相连,如图 2.5.8(c)所示。搭焊一般发生在密度较高的印制电路板焊接中,常因电烙铁头移开时焊料拖尾或元器件引脚剪脚不良所致。有时焊料用得过多,漫出焊盘,也会造成搭焊现象。搭焊是焊接中的大忌,搭焊的焊点必然会导致电气短路故障,轻则会损坏元器件、影响产品性能,重则会发生事故。搭焊的解决方法就是添加助焊剂,用电烙铁烫开即可。

4）冷焊

冷焊是指焊接的焊点结构松散、白色无光泽,表面呈豆腐渣状,如图 2. 5. 8(d)所示。导致冷焊的原因主要是由于焊锡质量不良、焊接温度不够、或者焊锡未凝固好就移动元器件导致。这样的焊点强度不高,导电性较弱,受到外力作用极易引发元器件开路的故障。

5）虚焊

虚焊是指焊接以后,焊料与引脚或焊盘之间出现间隔现象,如图 2. 5. 8(e)所示。导致虚焊缺陷的原因大多是由于焊件表面不清洁,或是焊接时间短、温度低或焊料少,元器件引脚氧化、焊盘氧化、沾污、可焊性差引起的。虚焊的焊点强度不高,会使元器件的导电性不稳定。

6）拉尖

拉尖是焊点的一种形状,即焊接点上焊料有突出向外的毛刺或尖端,但没有与其他导体或焊点相接触,如图 2. 5. 8(f)所示。造成焊点拉尖的原因多是由于电烙铁撤离方向不对,或焊锡氧化导致回流不畅或焊料过量冷凝,助焊剂太少,或焊接时间太长使助焊剂都汽化而引起的。拉尖的主要危害就是导致焊点的外观不佳,对导电性能和力学性能影响不是很大。此时只要添加助焊剂重新焊接即可消除。

7）漏焊

漏焊是指焊接后焊点或引脚与焊盘之间无焊料,如图 2. 5. 8(g)所示。导致漏焊故障的原因多是焊料不足或波峰高度不够。

8）焊锡量太多

焊锡量太多是指焊点上的焊锡太多堆积起来,如图 2. 5. 8(h)所示。此时从外观上看焊料面呈凸形,它主要是由于焊锡撤离过迟,导致供锡量过大引起的。焊锡量太多不仅浪费焊料而且可能包含了看不见的缺陷。

9）盲点

盲点是指焊接后看不见引脚或引脚端头,并与焊锡相平,如图 2. 5. 8(i)所示。导致盲点缺陷的原因多是由于引脚过短或焊锡太多造成的。

10）砂眼

砂眼是指焊锡中的气体在焊点充分凝固之前逸出形成的孔,也称为气泡,如图 2. 5. 8(j)所示。从肉眼上看,带砂眼的焊点焊料凸起,内部有空洞。导致砂眼的主要原因是引线润湿性不良。这些砂眼将会造成焊点强度低,导电性能变差等不良现象。导致砂眼后,应根据具体的情况分别对待。一般不易察觉的砂眼是允许存在的,但其最大直径不得超过焊盘尺寸的 1/5,并且同一个焊焊点这类砂眼数不得超过两个。

11）焊接面积小于焊盘 80%

这是一种局部焊接现象,焊锡仅焊接了焊盘与元器件引脚的部分地方,如图 2. 5. 8(k)所示。导致焊接面积小于焊盘 80% 的原因主要有:焊锡的流动性差,助焊剂不足,焊接方法不对,只在和烙铁头接触的一边进行焊接,导致仅在接触处有焊锡。焊接面积太小容易导致脱焊，此时需重新焊接。

12）锡珠

锡珠是指焊接时粘附在印制电路板、阻焊膜或导体上的焊锡小圆珠，如图 2.5.8(l)所示。导致该缺陷的原因是由于焊锡太多、焊盘孔太大造成的。应及时将锡珠清除，以免留下隐患。

13）焊锡不对称

不对称是指焊点上的焊锡在整个区域内不平衡，某一部位焊锡少，另一部位焊锡多，或焊锡未流满焊盘，如图 2.5.8(m)所示。焊点不对称，多是由烙铁移开时怕产生尖角而往上挑引起的，焊料流动性不好、助焊剂不足或焊件加热不充分也会导致焊锡不对称。焊锡不对称会使焊点的强度不足，受到外力作用容易导致元器件开路。

14）焊点无光泽

用烙铁将焊接处焊好以后，焊点的焊接面应呈现稳定的颜色与光泽。如果焊点过热或焊接时受扰动，则焊点会既无光泽也不光滑。这种缺陷一般允许少量存在。

4. 引起虚焊的常见原因

需要注意的是，虚焊和假焊没有严格的界限，它们的主要现象就是焊锡与被焊金属表面没能真正形成合金层。虚焊是焊接工作中常见的缺陷，也是最难查出的焊接质量问题。造成虚焊的原因主要有以下几个方面。

（1）所使用的焊锡质量不好。

（2）所使用助焊剂的还原性不良或用量不够。

（3）被焊接的元器件引脚表面未处理干净，可焊性较差。

（4）电烙铁头的温度过高或过低，温度过高会使焊锡熔化过快和过多而不容易着锡，温度过低会使焊锡未充分熔化而呈豆腐渣状。

（5）电烙铁表面有氧化层。

（6）对元器件的焊接时间掌握得不好。

（7）焊接过程中，未等所焊的焊锡凝固，就移走电烙铁，因而造成被焊元器件的引脚移动。

（8）印制电路板上铜箔焊盘表面有油污或氧化层未处理干净，或沾上了阻焊剂等，使焊盘的可焊性变差。

要防止虚焊应做到：被焊金属预先搪锡，在印制电路板焊盘上镀锡或涂助焊剂，掌握好焊接温度和时间，在焊接过程中避免被焊金属件的移动。如怀疑是虚焊，必要时可以添加助焊剂重新焊接。

2.5.6 拆焊

拆焊也是焊接工艺中的一个重要工艺手段。在调试和维修中常需要更换一些元器件，如果方法不得当，稍不注意就会损坏元器件和印制电路板，因此必须掌握从印制电路板上更换元器件的方法。

一般像电阻器、电容器、晶体管等引脚不多，且每个引线可相对活动的元器件可用电烙铁直接拆焊。如图 2.5.9 所示，将印制电路板竖起来夹住，一边用电烙铁加热待拆元器件的焊点，一边用镊子或尖嘴钳夹住元器件引线轻轻拉出。

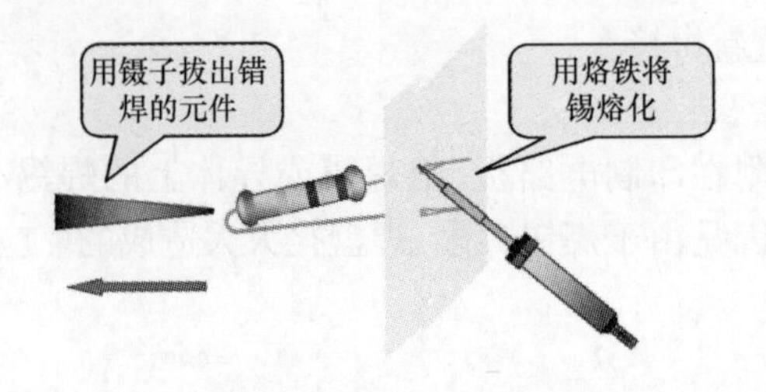

图 2.5.9　一般元器件拆焊

拆焊时还应当注意以下几点。

(1) 烙铁头不宜长时间加热被拆焊点,也不宜多次对同一个焊点进行拆焊和焊接,以防焊盘经反复加热后导致脱落。

(2) 焊料一熔化就应当及时拔出元器件的引线,且不管元器件的安装位置如何,都不要强拉或扭转元器件,以免损伤印制电路板和其他元器件。

(3) 重新焊接时,须先用锥子将焊孔在加热熔化焊锡的情况下扎通,或者用吸锡器将焊孔中的焊锡吸掉;否则在插装新元器件引脚时,可能会造成印制电路板的焊盘翘起。

2.6　印制电路板的焊接

2.6.1　焊接前的准备

印制电路板在焊接之前,首先仔细检查印制电路板的印制图形、板子的尺寸是否符合设计图纸的要求,并检查板子有无断线、短路、缺孔、是否涂有助焊剂或阻焊剂等;否则会给整机调试带来许多意想不到的麻烦。

焊接前,首先对需要焊接到印制电路板上的元器件进行可焊性处理,做好元器件的整形和镀锡的准备工作。然后清洁印制电路板的表面,去除氧化层,检查焊盘和印制导线是否有缺陷和短路点等不足。同时还要检查电烙铁能否吃锡,如果吃锡不良,应进行去除氧化层和预挂锡工作。最后,要熟悉相关印制电路板的装配图,并按图纸检查所有元器件的型号、规格、封装及数量是否符合图纸的要求,元器件的引线有无氧化或生锈的情况。

清点元器件的时候,可先准备一张白纸,然后将识别好的元器件插在纸上,并将元器件的名称和型号写在元器件旁边,如图 2.6.1所示。如果印制电路板上已经印了各个元器件的编码(如 R1、C2 等),则可使用元器件编码来标识元器件。

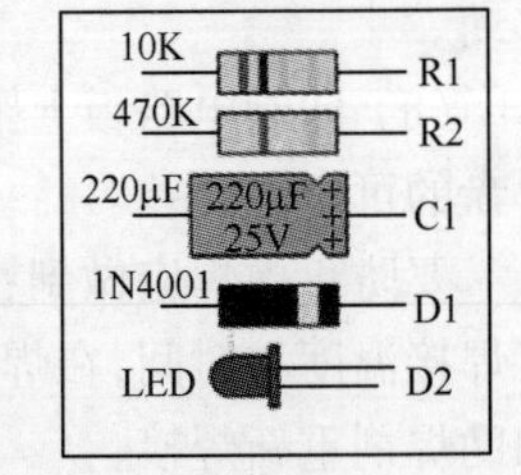

图 2.6.1　元器件的清点

2.6.2　装焊顺序

焊接插装元器件时,应保证元器件的标识易于识别,元器件在印制电路板上的装接方向应符合印制电路板板面的方向,有极性的元器件应按图纸要求的方向安装。

除非有特殊要求,元器件装焊的顺序原则是从左到右、从上到下、先里后外、先小后大、先低后高、先轻后重、先耐热后不耐热、先一般元器件后特殊元器件,装完同一种规格后再装另一种规格,且上一道工序安装后不能影响下一道工序的安装。一般的装焊顺序依次是电阻、电容、二极管、三极管、集成电路、大功率管等，如有特殊要求，则应按相应的规定执行。焊接完成后的印制电路板上的元器件插装应当分布比较均匀，排列整齐美观，空间排列合理，不允许斜排、立体交叉和重叠排列，同类元器件高度基本一致。

插装时应注意字符标记方向保持一致，并尽可能从左到右的顺序读出，这样焊接的器件型号、大小等就比较容易读出。

按图纸要求将电阻插入规定位置，插入色环电阻时，电阻的色环应超一个方向以方便读取。色环电阻焊接时的排列方向如图 2.6.2 所示：色环电阻采用卧式插法时，要求电阻的粗环放在印制电路板的右边或下面；若采用立式插法时，则电阻的粗环应放在靠近印制电路板的地方。接着就是焊接电阻，焊接时尽量使电阻的高低一致，焊完后将露在印制电路板表面多余的引脚齐根剪去。

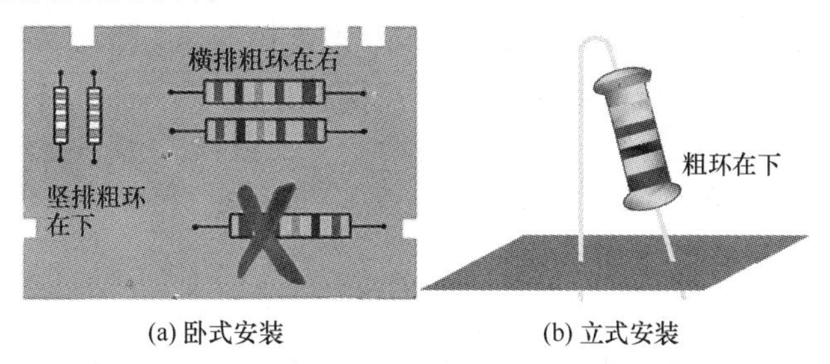

(a) 卧式安装　　(b) 立式安装

图 2.6.2　电阻的排列方向

极性元器件如电解电容、二极管、晶体管和集成电路等插装时必须严格按照图纸上的要求装入规定位置，并注意二极管和电解电容的正负极性、三极管的 E、B、C 三极不能接错，焊接完成后极性元器件上的型号、方向、标称值等标记必须清晰可见。

功率电阻高度应与板子保持 2 ~ 4mm 的距离插装。压敏电阻要与板子距离 25mm 左右，且保持水平或垂直状态插装。31W 以上电阻应悬空插装，悬空部分的引线需套磁珠，以固定引线。排针和电源模块要与板子压平，不要倾斜。直插式三极管焊接高度为 10mm 左右，贴片三极管管脚应在焊盘中心位置且要贴平贴正。三极管和 1500V 以上的电解电容插装时应在其底部垫绝缘垫。

插装时不要用手直接触摸元器件的引线和印制电路板上的铜箔，以免手上汗渍腐蚀引线和铜箔。手工焊接插装后，可用戴手套的手对焊接面的引线进行折弯处理，用以固定元器件。

2.6.3　印制电路板的焊接

1. 电烙铁的选择

焊接印制电路板时，电烙铁最好选择 20 ~ 35W、温度保持在 300 ~ 350℃ 的内热式电烙铁，若条件允许，可选择调温式电烙铁。烙铁头的形状要根据印制电路板焊盘的大小来选择，一般使用凿形或锥形烙铁头。对于密集程度高的小型印制电路板，则常用小型圆锥烙铁头。

2. 加热方法

印制电路板加热时要使烙铁头同时对印制电路板上的铜箔和元器件的引线加热。对于直径大于 5mm 的大焊盘焊接时可不时转动电烙铁，以免长时间停留在一点上而导致局部过热。

3. 极性元器件的焊接

电容焊接时按照玻璃釉电容→金属膜电容→瓷片电容→电解电容的顺序焊接。立式焊接二极管时还要注意二极管的最短引线的焊接时间不能超过 2s。三极管不耐高温，焊接时间也不能过长，一般 5 ~ 10s 即可，焊接时最好用镊子夹住三极管引线以帮助散热，防止烫坏管子。大功率三极管焊接时，需加装散热片或垫上绝缘薄膜，三极管的管脚要用绝缘导线与板子连接。

4. 集成电路的焊接

在手工焊接集成电路时，由于集成电路引线间距很小，要选择合适的烙铁头及温度，防止引线间连锡，一般选择小于 45W 的内热式电烙铁，且接地线应保证接触良好，若用外热式，最好采用烙铁断电余热焊接，必要时还要采取人体接地的措施。

焊接集成电路最好先焊接地端、输出端和电源端，再焊输入端。对于那些对温度特别敏感的集成电路，可以用镊子蘸上酒精的棉球保护元器件根部，使热量尽量少传到元器件上。焊接门电路时，多余的输入端应该正确处理，不得悬空，每次焊接集成电路的时间应根据器件散热情况而定。

焊接绝缘栅或双栅场效应管以及 CMOS 集成电路时，由于其输入阻抗很高、极间电容小，少量的静电荷容易感应静电高压，导致器件击穿而损坏。集成电路的引线既不能耐高温又要防止静电，焊接时也必须非常小心。焊接 CMOS 集成电路最好使用储能式电烙铁，以防止由于电烙铁的微弱漏电而损坏集成电路。

集成电路的装焊方式有两种：一种是将集成电路芯片直接焊接在印制电路板上；另一种是采用专用的集成芯片插座（IC 插座），将 IC 插座焊接在印制电路板上，然后再将集成电路板插入 IC 插座。

将集成电路按照要求装入印制电路板的相应位置，并按图纸要求进一步检查集成电路的型号、引脚位置是否符合要求，确保无误后便可进行焊接。在焊接集成电路时，需注意：若集成电路的引线是镀金的，用干净的橡皮筋来擦拭其引线即可，切忌用刀刮引线；CMOS 集成电路焊接时不要拿掉其引线短路线；集成电路的焊接时间应尽可能短，一般为 3 ~ 10s；要使用温度低于 150℃ 的低熔点焊剂；集成电路焊接时不要直接放在铺有橡皮、塑料等容易积累静电材料的桌面上。

5. 导线的焊接

如图 2.6.3 所示，常用导线有单股导线、多股导线和屏蔽线等。导线焊接要求接头的接触电阻要小，接头应有足够的机械强度和良好的绝缘性能。导线的焊接包括焊接前处理、预焊和焊接几个过程。

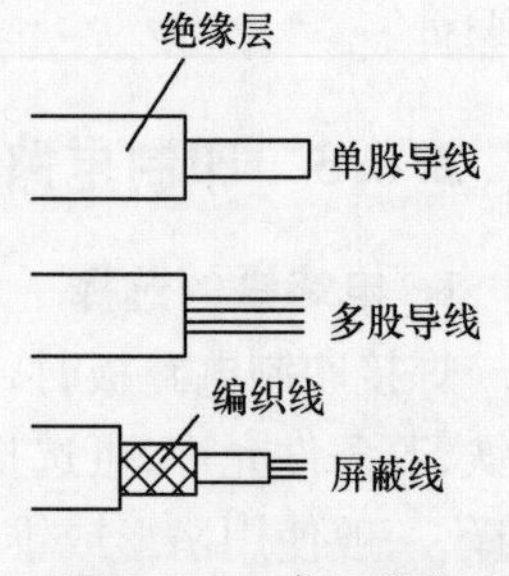

图 2.6.3 常用导线

1）导线焊接前处理

导线焊接前要除去末端绝缘层。可以采用剥线钳、电工刀、尖嘴钳或电烙铁将焊接导线按相应接线端子尺寸剥去绝缘层。剥线时应注意保证芯线伸出焊线 0.5 ~ 1mm，对单股线剥线不应伤及导线，屏蔽线和多股导线剥线时不能断线，否则将影响接头质量。

用剥线钳剥线时只要剥线刀口与导线线径相同，就不会损伤芯线，剥线效率高且省力,剥线钳适用于线径不大于 $4mm^2$ 的导线剥线。用电工刀剥线时,电工刀刀口与导线成45°角,斜切入绝缘层,剥线时应选择较钝的刀口,以免伤到芯线。用尖嘴钳剥线时,切忌用力过猛,以防损伤导线。电烙铁通常用来剥细的塑料绝缘导线。

对多股导线剥除绝缘层时注意将线芯拧成螺旋状,一般采用边曳边拧的方法。

2）预焊

预焊是导线焊接中的关键步骤,对于多股导线而言,预焊是焊接质量的保证。导线的预焊又称为挂锡,即选择合适的烙铁将导线及接线端子需要焊接的部位先用焊锡润湿,挂锡时要边上锡边旋转,旋转方向与拧合方向一致。多股导线挂锡时要防止焊锡浸入绝缘层,造成软线变硬而导致的接头故障,即产生“烛心效应”,如图 2.6.4 所示。

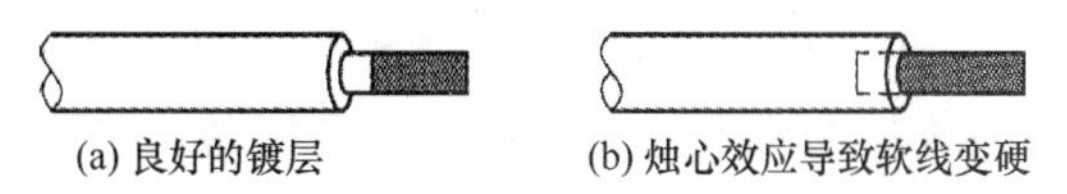

图 2.6.4　烛心效应

3）导线的焊接

导线与被焊接点之间的连接有 3 种基本形式,即绕焊、钩焊和搭焊,如图 2.6.5 所示。

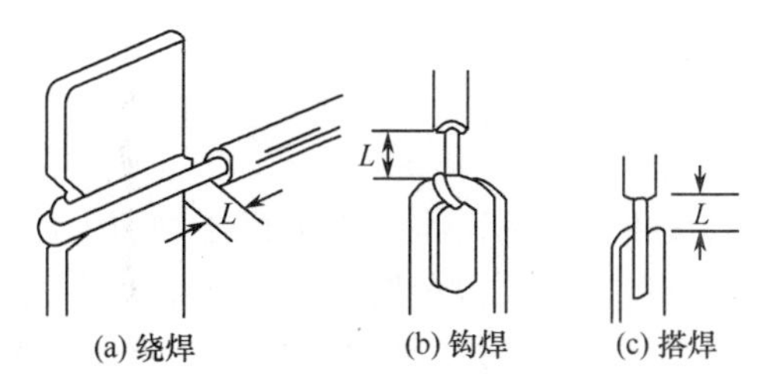

图 2.6.5　导线的焊接

绕焊通常是为了增加焊接点的强度,把经过上锡的导线线头在被焊件接点的金属上缠一圈,用钳子等工具拉紧缠牢后进行焊接。绕焊时注意导线线头一定要紧靠被焊金属表面,且绝缘层不要接触端子。为保证连接的可靠性,图 2.6.5(a)中剥去绝缘层的导线与被焊金属之间的距离 L 一般为 1 ~3mm 为宜。

钩焊是将导线线头弯成钩形,钩在被焊接点上的孔内,并用钳子夹紧以保证线头不脱落,然后施焊。钩焊的强度虽不如绕焊,但钩焊操作简便、易于拆焊。

搭焊就是把经过镀锡的导线线头搭接到被焊接点上,然后进行再焊接。搭焊中搭与焊是同时进行的,焊接比较简便,但强度和可靠性比较差,一般用在调试和维修设备等对焊接要求不高的场合。

导线与导线的连接通常采取绕焊的方式,焊接前先剥去末端绝缘层,预焊后采取一定的连接方式进行焊接,焊接完毕后需套上热缩管或绝缘胶带,保护焊点。屏蔽线或同轴电缆线末端连接对象不同其处理方式也不同,但切记不管采用何种连接均不应使芯线承受压力。

6. 金属化孔的焊接

两层以上的电路板的孔需要进行金属化处理,金属化孔焊接时,要让焊料浸润焊盘的同时孔内也要润湿填充。

7. 几种易损元器件的焊接

在焊接过程中,有些元器件受热或与电烙铁接触时容易损坏,这些元器件就是易损元器件,常见的易损元器件有铸塑元器件、簧片类元器件等。

铸塑元器件在制造中广泛使用,其最大的特点是不耐高温。在焊接注塑元器件时,加热时间切忌太长,以防塑料受热变形而影响元器件的性能。簧片类元器件的簧片为了保证其电接触性能,在制造时就对其加了预应力,使之产生适当弹力。因此,在焊接过程中不要对簧片施加外力,以防破坏簧片的弹力导致元件失效。

焊接铸塑元器件和簧片类元器件时需注意:焊接前要做好表面清洁和镀锡等准备工作,预焊过程不要反复,尽量一次性成功;烙铁头和烙铁的温度要合适,最好选择尖一些的烙铁头来焊接,防止焊接时触碰到相邻的焊点;焊剂要少用,以防焊剂浸入元器件的电接触点,造成元器件的损伤;焊接时不要让电烙铁长时间接触元器件,加热时间要短,焊接时不要用力压被焊元器件。

8. 其他

此外,在印制电路板焊接时,若需增强焊料润湿性能,则需要用表面清理和预焊的方法来实现,切记不能直接用烙铁头摩擦焊盘或对焊盘加力。对于耐热性差的元器件,则应使用辅助工具帮助散热,以防损伤元器件。

2.6.4 焊接后的处理

用松香作为助焊剂的,焊接完成后需将松香清理干净;用无机助焊剂涂过的焊点,焊剂完成后一定要将焊接部位擦洗干净,以免腐蚀。焊接结束后,还要用镊子将每个元器件管脚轻轻拉一拉,看看是否焊接牢靠,以防虚焊。还应对照原理图,仔细检查是否有漏焊现象。

第3章　印制电路板的设计与制作

一个完整的电子产品主要是由电路原理图设计、印制电路板设计、机械设计、元器件检测和安装、焊接及调试等几个主要步骤来完成。

电路设计是通过理论精确计算达到设计要求,要使原理电路变成为产品,就要通过印制电路板设计来完成。印制电路板电路设计需要熟悉和掌握设计印制电路板的一些基本知识、设计原则、方法和技巧。

一般来说,设计人员把按照预定设计在绝缘材料上制成的印制线路、印制元件或是两者组合而成的导电图形称为印制电路,它是采用印刷法得到的电路。把在绝缘材料上提供元器件之间电气连接的导电图形称为印制线路,它是采用印刷法在基板上制成的导电图形,包括印刷导线、焊盘等。而印制电路板是由导电的印制电路和绝缘基板构成的,指上面印制电路或者印制线路的成品板。

3.1　概　述

印制电路板(Printed Circuit Board,PCB)简称印制板,是电子元器件电气连接的提供者。它是以绝缘基材为母版,并按预定设计在其上用印制的方法布线来代替电子元器件底盘及导线,实现电路原理图的电气连接和电气、机械性能要求的布线板。简单来说,具有印制电路的绝缘基板称为印制电路板。印制电路板用于安装和连接小型化元件、晶体管、集成电路等电路元器件,具有导电线路和绝缘底板的双重作用。

3.1.1　印制电路板的组成

标准的PCB是没有元件的电路板,板子的原材料是由隔热、不易弯曲的材料制成的。在电路板表面看见的细小线路材料是铜箔,这些线路叫电路板的走线或导线,印制电路板就是用铜箔取代导线来完成电路板上各元器件之间的电气连接的板子。电路板上插元件的孔称为焊盘,用来放置元件,以及焊接元件管脚固定元件和完成电气连接。

图3.1.1所示为常见的印制电路板。印制电路板主要由铜箔层、丝印层和印制材料层3个层面构成,每个层面又由焊盘、走线、导通孔和铺铜等部分组成。

铜箔层又称为信号层或走线层,它是元器件之间导通的工具。铜箔层的层数决定了电路板的层数,只有一个铜箔层的是单面板,而有两个铜箔层的是双面板。丝印层即丝网印刷层,位于印制板的最上层,是为了方便电路的安装和调试或是公司标准化要求,在电路板上印制的所需的代号、文字串、图标等,如元器件的外形轮廓、编号、生产厂家等内容。此外,丝印层还起着保护铜箔层的作用。印制材料层又称为基材,它的作用是将各铜箔层之间用印制材料层隔开,起着绝缘和支撑整个电路板的作用。

图 3.1.1　印制电路板

焊盘主要是完成元器件管脚和导线之间的电气连接,同时用于焊接时帮助焊接以固定元器件管脚。走线起着实际电路中导线的作用,走线连接到元件的焊盘,完成整个电路板上电气连接的任务。导通孔可使两层以上的铜箔彼此导通,通常设计较大的导通孔用于零件插件,此外还有非导通孔用来进行表面贴装定位和组装固定螺钉。铺铜是指在电路板的某个区域填充铜箔,起到改善电路性能、抗干扰的作用。

此外,导通孔在焊接时,并非所有的铜面都要焊接零件,为了避免不需要焊接的线路间误焊短路的问题,会在电路板非焊盘处的铜箔上印一层隔绝铜面吃锡的物质,这种物质称为防焊油墨。防焊油墨可分为绿油、红油和蓝油。

由于铜面在一般环境中很容易氧化,导致无法上锡或焊锡性不良,因此会在要焊接的铜面上涂上一层助焊膜,以提高可焊性。

3.1.2　印制电路板的特点

在电子设备中,印制电路板的主要作用:①为电路中的各种元器件提供必要的机械支撑,使电路更为稳定可靠地工作;②实现了各种元器件之间的布线和电气连接;③提供了易识别的字符和图形,便于安装、检查及调试。此外,印制电路板还具有以下特点。

(1) 采用印制电路板能确保制造的产品具有一致性,可靠性和稳定性也比较高,能大大减小布线错误,从而提高整机装配质量。

(2) 适宜于实现整机装配过程中自动化,适合大批量生产,降低了产品的成本,提高了整机装配的效率,不仅能够实现设计标准化和机器单元化,还便于维修。

(3) 印制电路板的装配和应用不需要熟练的技术工人,减少了对操作者的培训成本。

(4) 布线密度高,体积小,重量轻,有助于电子设备实现轻量化和小型化。

(5) 它还具有可继续扩展功能,可以添加印制元件或直接封装电路成为一定功能的组件。

(6) 它的缺点是制造工艺较复杂,单件或小批量生产不经济。

3.1.3　印制电路板用基材

印制电路板指的是搭载电子元件的基板,而基材即组成电路板的基本材料,印制电路的制作均在基材上完成。

基材主要指的是介电材料,其组成为树脂、增强剂及填充剂。基材主要是以基板的绝缘部分作为分类标准,常见的原料为电木板、玻璃纤维板以及各式塑胶板。而 PCB 的制造商通常会以一种玻璃纤维、编织物料以及树脂组成的绝缘部分，再以环氧树脂和铜箔压制成“粘合片”使用。

覆以金属箔的绝缘板称为覆箔板，其中覆以铜箔制成的覆箔板称为铜箔基板。基板不同，厚度不同，粘接剂不同，生产出来的覆铜基板的性能也大不相同。铜箔基板按材料分为以下四类。

（1）酚醛纸基铜箔基板。它由绝缘渍纸或棉纤维浸以酚醛树脂，两面衬以无碱玻璃布，在其一面或两面覆以电解紫铜箔，经热压而成。

酚醛纸基铜箔基板如图 3.1.2 所示，它一般为淡黄色或黑黄色，价格便宜，应用广泛，但高频损耗较大，机械强度低，易吸水和耐高温性能较差，表面绝缘电阻较低。其价格便宜，在一般民用电子产品如收音机中使用，在恶劣环境下不宜使用。

（2）环氧酚醛玻璃布铜箔基板。它由无碱玻璃布浸以酚醛树脂，并覆以电解紫铜箔，经热压而成。如图 3.1.3 所示，环氧酚醛玻璃布铜箔基板为青绿色并有透明感，因环氧树脂粘接力强，电绝缘性能好，既耐化学溶剂，又耐潮湿、耐高温，可用于恶劣环境中，这种板的工作频率可达 100MHz，常用在电视机、高频仪器仪表等中，但其价格较贵。

图 3.1.2　酚醛纸基铜箔基板

图 3.1.3　环氧酚醛玻璃布铜箔基板

（3）环氧玻璃布铜箔基板。它由玻璃布浸以双氰胺固化剂的环氧树脂，并覆以电解紫铜箔，经热压而成。它的基板透明度好、电气和力学性能好且耐高温、耐潮湿。

（4）聚四氟乙烯玻璃布铜箔基板。它由无碱玻璃布浸渍四氟乙烯分散乳液，覆以经氧化处理的电解紫铜箔，经热压而成。它具有优良的介电性能和化学稳定性，是一种耐高温、高绝缘的新型材料。最大特点是适应范围宽，适用于尖端产品和高频微波设备中。

印制电路板的基材选择时首先要考虑到基板要具有良好的电气性能和足够的机械强度，然后再考虑板材的价格和相对成本，从而选择印制电路板的基材。电气特性是指基材的绝缘电阻、抗电弧性、印制导线电阻、击穿强度、介电常数及电容等。机械特性是指基材的吸水性、热膨胀系数、耐热性、抗挠曲强度、抗冲击强度、抗剪强度和硬度。

3.1.4　印制电路板的分类

印制电路板的分类如图 3.1.4 所示，最常见的分类方式是按照印制电路板的结构进行分类。按结构来分，印制电路板可以分为单面、双面、多层。接下来介绍的是常见的单面板、双面板、多层板和软性印制电路板。

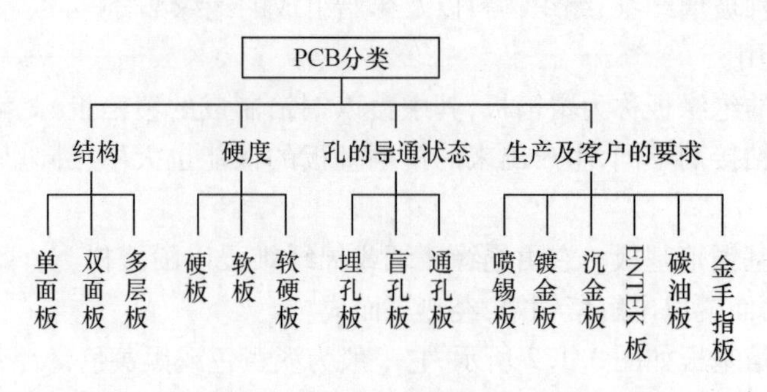

图 3.1.4　印制电路板的分类

1. 单面印制电路板

单面印制电路板是指仅一面上有导电铜箔的印制电路板。它的厚度为 0.2～5.0mm，导线图形比较简单，通常是采用酚醛纸基单面覆铜板，通过印制和腐蚀的方法，在绝缘基板覆铜箔一面制成印制导线。在使用单面板时，通常在没有导电铜箔的一面安装元器件，将元器件引脚通过插孔穿到有导电铜箔的一面，导电铜箔将元器件引脚连接起来即是一个完整的电路或电子产品。由于只有一面有导电铜箔，布线间不能交叉而必须绕独自的路径，导致单面板的设计难度比较大，因此它不适用于复杂的电子设备，而通常用在对电性能要求不高的收音机、收录机、电视机、仪器和仪表中。

2. 双面印制电路板

双面印制电路板是指两面都有导电铜箔的印制电路板。如图 3.1.5 所示，双面板包括两层，即顶层和底层。双面板的两层都可以直接焊接元器件，两层之间既可以通过穿过的元器件引脚实现连接，也可以通过金属化孔连接。这种金属化孔即过孔，是一种穿透印制电路板并将两层的铜箔连接起来的金属化导电圆孔。

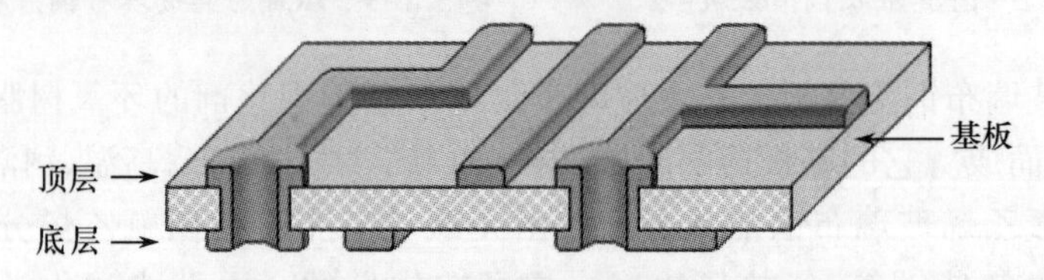

图 3.1.5　双面印制电路板

双面板通常采用环氧树脂玻璃铜箔板或环氧酚醛玻璃布铜箔板。双面板的面积比单面板大了一倍，它解决了单面板中因为布线交错的难点，因而布线密度比单面印制电路板更高，使用更为方便。它更适合被用在对电性能要求较高更复杂的通信设备、计算机、仪器和仪表等中。

3. 多层印制电路板

多层印制电路板是指由 3 层或 3 层以上较薄的单面或双面印制电路板叠合压制而成的印制电路板。如图 3.1.6 所示，多层印制电路板除了具有双面板一样的顶层和底层外，在其内部还有导电层，它的内部导电层一般为电源或接地层，各层之间通过过孔实现连接。板子的层数并不代表有基层独立的布线层，在特殊情况下会加入空层来控制板子的厚度，通常层数都是偶数，目前广泛使用的多层板有 4 层、6 层和 8 层。

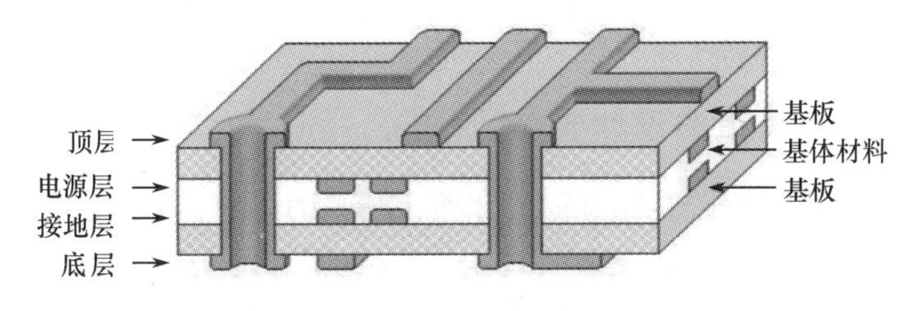

图 3.1.6　多层印制电路板

多层印制电路板的特点如下。

(1) 与集成电路配合使用,有利于整机小型化,并减小了产品的体积和重量。

(2) 提高了布线密度,缩短了元器件之间的连线,减少了信号的传输距离,使板面的利用率大大提高。

(3) 屏蔽层的增设使得信号的失真大大减小,从而提高了电路的电气性能。

(4) 接地层的引入减少了局部过热现象,增加了整机的稳定性。

4. 软性印制电路板

软性印制电路板又称柔性印制电路板,如图 3.1.7 所示,它是以软层状塑料或其他软质绝缘材料,如聚酯或聚亚胺的绝缘材料为基础制成的印制电路板,其厚度为 0.25 ~ 1mm。软性印制电路板具有重量轻、体积小、可靠性高等特点。此外,它还具有可折叠、能弯曲和卷绕的特点,可以利用三维空间做成立体排列,能连续化生产。它也有单层、双层和多层之分,在电子计算机、自动化仪表和通信设备中应用广泛。

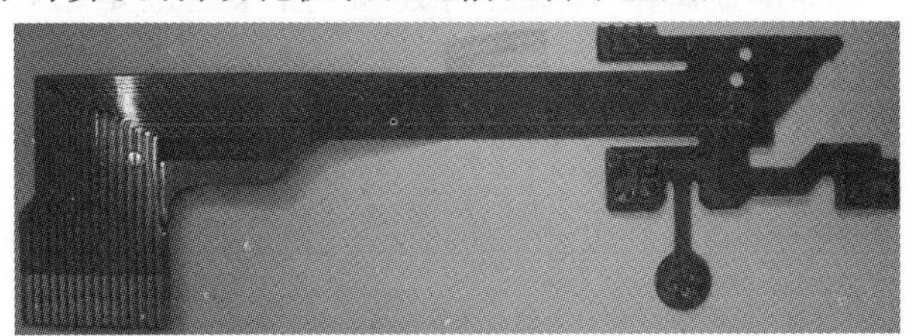

图 3.1.7　软性印制电路板

3.2　印制电路板的设计

电路原理图标识电气连接,而 PCB 是实际元件的物理连接板。印制电路板的设计主要是版图设计,即将电路原理图转换成印制电路板图,并确定技术加工要求的过程。印制板设计通常有人工设计和计算机辅助设计(CAD)两种方法。无论采取哪种方式,都必须符合原理图的电气连接和产品电气性能、力学性能的要求,即应该保证元器件之间准确无误的连接,工作中无自身干扰,并要考虑印制板加工工艺和电子产品装配工艺的基本要求,要尽量做到元器件布局合理、装焊可靠、维修方便、整齐美观。

印制电路板的设计包括确定印制板母版材质、尺寸、形状、外部连接和安装方法,确定整机结构;考虑布设导线和元器件的位置和安装方式,确定印制导线的宽度和间距,焊盘的直径和孔径;设计印制插头或连接器的结构。对于同一张电路图,不同的设计者,设计出的电路板可能风格迥异,但不管电路板设计怎样灵活,印制电路板的设计都必须满足一定的要求,遵循一些基本设计原则和技巧。

3.2.1 印制电路板的设计要求

印制电路板设计要满足“正确、可靠、合理、经济”的要求,即印制电路板的设计要准确实现电路原理图的连接关系。印制电路板的基材、制板加工方法的选择也应当重视,基材的选择或安装不正确、元器件布局布线不当等,都可能导致 PCB 不能可靠地工作。印制电路板设计要合理,否则会影响到其加工、装配、调试甚至维修过程。板子的形状选得不好会使加工困难;引线孔太小会使装配困难;板子对外连接方式选择不当会使得维修困难等。此外,作为一件产品,还必须考虑其经济成本。

因此,设计印制电路板时应根据具体的设计要求,综合考虑以上几点因素,以下是一些在设计印制电路板时的经验。

(1) 印制电路板的设计从确定板的尺寸大小开始,印制电路板的尺寸受机箱外壳的大小限制,一般以能恰好放入外壳为宜。

(2) 应考虑印制电路板与外接元器件如电位器、插口或其他的印制电路板是如何连接的。

(3) 印制电路板设计中元器件的封装通常有贴片和直插两种方式,这两种方式在设计的时候还需考虑到规格、尺寸和面积的问题。

(4) 印制电路板与外接组件之间的连接有直接连接和插入连接两种连接方式,直接连接是通过塑料导线和金属隔离线进行连接,插入连接是通过插座和插头进行连接。

(5) 对于安装在印制电路板上较大的组件,要加金属附件固定,以提高耐振和耐冲击性能。

(6) 对于安装在印制电路板上的需要散热的组件,要加散热附件的固定,便于散热和改善散热性能。

(7) 对于安装在印制电路板上的安全和保护组件,要加附件的固定,便于更换和改善安全和保护性能。

3.2.2 印制电路板设计准备

在设计准备阶段,印制电路板的整机结构、电路原理、主要元器件等内容已经基本确定,要完成以下几个方面的工作。

(1) 熟悉电路原理图。了解电路的基本工作原理和组成,各功能电路的相互关系及信号流向等内容,对电路工作时可能发热和产生干扰等情况要做到心中有数。

(2) 了解印制电路板的工作环境。确定其工作时的环境温度变化情况,条件恶劣与否,是否会与腐蚀气体接触,是否需连续工作等。

(3) 掌握电路工作主要参数。如最大工作电流、最大工作电压和工作频率等。

(4) 熟悉采用的元器件。如所用芯片的型号、外形尺寸、封装形式和供货情况等。

(5) 确定了印制电路板与整机其他部分的连接形式,已经确定了插座和连接器件的型号规格。

3.2.3 印制电路板参数的确定

1. 确定板材

确定板材主要是依据电气和机械特性的要求、使用条件和销售价格，选择印制电路板的基材。电气性能包括基材的绝缘电阻、抗电弧性、印制导线电阻、击穿强度、介电常数及电容等。力学性能是指基材的吸水性、热膨胀系数、耐热性、抗挠曲强度、抗冲击强度、抗剪强度和硬度等。

目前，国内常用的板材有酚醛纸基铜箔基板和环氧酚醛玻璃布铜箔基板。酚醛纸基铜箔基板标称厚度有1.0mm、1.5mm、2.0mm、2.5mm、3.0mm、3.2mm和6.4mm，铜箔厚度为50~70μm，价格便宜，但阻燃强度低，机械强度低，易吸水且不耐高温，一般用于中低档民用电子产品，如收音机等产品中。环氧酚醛玻璃布铜箔基板标称厚度有0.2mm、0.3mm、0.5mm、1.0mm、1.5mm、2.0mm、3.0mm、5.0mm和6.4mm，铜箔厚度为35~50μm，价格较高，电气及力学性能好，既耐化学溶剂又耐高温和潮湿，表面绝缘电阻高，一般用在工业、军用设备和计算机等高档电器中。在印制板的选材中，不仅要了解覆铜板的性能指标，还要熟悉产品的特点，从而获得良好的性价比。

选择基板时，分立元器件的电路引线较少，且排列位置灵活可变，因此常采用单面板。对于那些比较复杂的集成电路，特别是双列直插式封装的元器件，它们的引线间距小且引线数目较多，通常选择双面板或多面板。

2. 印制电路板形状

印制电路板的形状通常由整机结构和内部布局决定。印制电路板的外形应尽量简单，一般简单的产品采用矩形为好，长宽比的尺寸为3:2或4:3为最佳；否则容易变形且板子的强度会降低。采用长方形板，可以简化印制板制作成型的加工量。应尽量避免采用异形板，否则会增加制板难度和加工成本。

3. 印制电路板尺寸

印制电路板的尺寸决定了印制板的制造和装配的方式。在尺寸的选择上，要从整机的内部结构和板上元器件的数量、尺寸及安装、排列方式来考虑，应尽量采用标准值。

在考虑印制电路板尺寸时，需结合以下几个方面的因素综合设计：印制电路板上元器件之间需留有一定的间隔，尤其在高压电路中，更应留有足够的间距；要注意发热元器件需要安装散热片，散热片的尺寸也应计算在元器件所占面积之内；板子的面积应当在净面积的基础上向外扩出5~10mm，用于安装固定印制板；如遇特殊情况像印制板的面积较大或器件较重时，需对印制电路板进行加固，加固方式有加边框、加强筋或多点支撑等；同一个产品内有多块印制板时，注意应该使每块板的尺寸一致，以方便固定与加工。

4. 印制电路板厚度

在确定板子的厚度时，要从结构的角度来考虑，主要是考虑印制电路板的尺寸大小、板子对装在上面的所有元器件的重量的承受能力，以及在使用过程中板子承受的振动冲击的大小。

如果只是在印制电路板上装配一些小功率器件如集成电路、小功率管、电阻和电容等，且没有较强的振动冲击，则选择厚度为1.5mm左右，尺寸小于500mm×500mm的印制电路板即可。如果板面积过大或板上的元器件过重，则应该选择2~2.5mm厚的印制电路板,或加固印制电路板,以防板子变形。

印制电路板的厚度已经标准化,其尺寸为 1.0mm、1.5mm、2.0mm、2.5mm 几种,一般来说,若板子小于 100mm×150mm,则通常选择厚度为 1.5mm 的板子;若板子大于 200mm×150mm,则选择厚度为 2.0mm 的板子。注意,当印制板对外通过印制板插座连线时,必须注意插座槽的间隙一般为 1.5mm,若板材过厚则插不进去,过薄则容易造成接触不良。对于尺寸很小的印制电路板,如计算器、电子表等,为了减小重量和降低成本,可选用更薄一些的覆铜箔层压板来制作。对于多层印制电路板的厚度也要根据电路的电气性能和结构要求来决定。

3.2.4 焊盘、印制导线及孔的设计尺寸

1. 焊盘的形状与尺寸

元器件通过板上的引线孔,用焊锡焊接固定在印制电路板上,铜箔导线把焊盘连接起来,实现元器件在电路中的电气连接。引线孔及其周围的铜箔称为焊盘。焊盘的作用是在焊接元器件时放置焊锡,将元器件引脚与铜箔导线连接起来。

1)焊盘的形状

在设计焊盘时,元器件的形状、大小、封装形式、振动和受热、受力状况等决定了焊盘的形状。如图 3.2.1 所示,焊盘有岛形、圆形、椭圆形、长方形等形状。

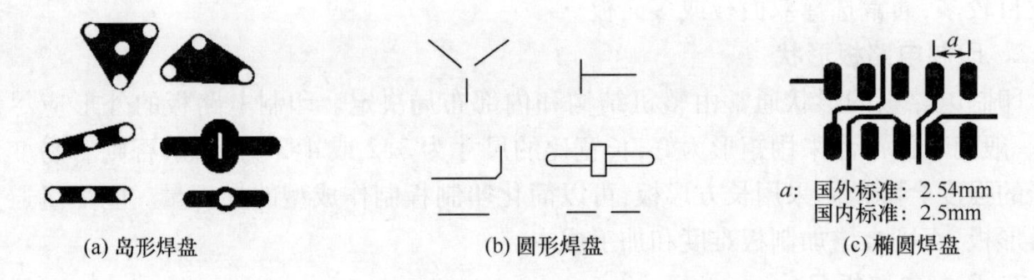

图 3.2.1 焊盘的形状

岛形焊盘如图 3.2.1(a)所示,它的焊盘与焊盘之间的连线合为一体,形状类似于一个小岛,故称为岛形焊盘。在立式不规则排列安装中常用岛形焊盘。采用岛形焊盘,增加了铜箔的面积,使焊盘的印制导线不容易脱落,从而增强了产品的抗剥离强度。

如图 3.2.1(b)所示,圆形焊盘的焊盘与引线孔是同心圆。焊盘的大小一般为引线孔孔径的 2~3 倍。圆形焊盘多在元件规则排列的单、双面印制板中使用。为防止焊盘受热脱落,焊盘应当在板子大小允许的情况下尽量做得大一些。

在设计电路时,考虑到封装的集成电路两引脚之间的距离只有 2.5mm,在引脚间通常还要走线,此时只能拉长圆形焊盘,将其改成近似椭圆形的长焊盘,如图 3.2.1(c)所示。椭圆形焊盘是目前用得比较多的一种焊盘形式。

总之,在印制电路的设计中,焊盘的形状可根据实际情况灵活设计。在设计时,如果焊盘与导线靠得比较近,则可将焊盘与导线制成图 3.2.2(a)所示形状,以防短路。当元器件较大,精度要求不高且电路允许时,可以通过刻蚀的方法手工制作焊盘,如图 3.2.2(b)所示。此外,为了减少干扰,设计时常常采用大面积覆盖接地,这时的焊盘需要做成图 3.2.2(c)所示形状,以防止虚焊或铜箔翘起,影响焊接质量。

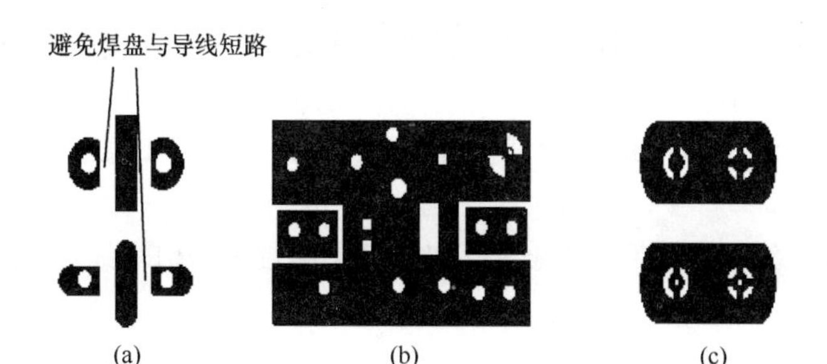

图 3.2.2　焊盘的设计

焊盘有针脚式和表面粘贴式两种。表面粘贴式焊盘无需钻孔；针脚式焊盘要求钻孔，它有过孔直径和焊盘直径两个参数。

2）焊盘引线孔的直径

引线孔在焊盘中心，它的孔径应该比所焊接的元器件引线的直径略大一些，不能太小，以防插装元器件困难。引线孔的孔径也不能太大，孔太大容易造成虚焊、气孔等缺陷，使焊接的机械强度变差。元器件引线孔的直径有 0.5mm、0.8mm 和 1.2mm 等尺寸，设计时只要让它比元器件引线的直径大 0.2 ~ 0.4mm 即可。

3）焊盘的尺寸

焊盘的尺寸是由引线孔的尺寸所决定的。一般来说，对于单面板，焊盘的尺寸要比引线孔的直径大 1.3mm 以上；在高密度电路板上，焊盘的最小直径可以等于引线孔的直径加上 1mm；而对于双面板，焊盘的尺寸大约比引线孔直径的 2 倍还要多。

2. 印制导线的尺寸和形状

印制电路板的设计主要就是设计印制导线。印制电路板上的元器件通过印制导线实现电气连接。设计印制导线时，要确定印制导线的长度和宽度、导线间距等尺寸，导线的尺寸和图形格式不能随便选择，它关系到印制电路板的总尺寸和电路性能。

1）印制导线的长度和宽度

一般情况下，印制导线应当尽可能布设得短些和宽些，以防止寄生电感和寄生电容对电路的影响，也有利于承受电流和便于制造。

覆铜箔板铜箔的厚度一般为 0.02 ~ 0.05mm。印制导线的宽度主要是由流过导线的电流强度和允许升温来决定的，0.05mm 厚的印制导线与其最大工作电流的关系如表 3.2.1所列。

表 3.2.1　印制导线与最大工作电流关系表

导线宽度/mm	1	1.5	2	2.5	3	3.5	4
导线面积/mm^2	0.05	0.075	0.1	0.125	0.15	0.175	0.2
导线电流/A	1	1.5	2	2.5	3	3.5	4

此外，印制导线的宽度还和铜箔与绝缘基板之间的黏附强度有关。导线的宽度应当与整个板面及焊盘的大小相一致，不宜太细，应尽可能选择较宽的导线，一般导线的宽度为 0.3 ~ 2mm，建议优先采用 0.5mm、1mm、1.5mm、2.0mm 规格的导线，其中 0.5mm 导线宽度主要用于微小型化电子产品。

印制导线本身也具有电阻，当电流流过时将产生热量和产生电压降。印制导线的电阻在一般情况下可不予考虑，但当其作为公共地线时，为避免地线产生的电位差而引起寄生反馈时要考虑电阻值。

印制电路的电源线和接地线的载流量较大，因此在设计时要适当加宽，一般取 1.5 ~2.0mm。

当要求印制导线的电阻和电感比较小时，可采用较宽的信号线；当要求分布电容比较小时，可采用较窄的信号线。

2）印制导线的间距

在设计电路时，必须保证导线间的最小允许间距，以防相邻导线间产生电压击穿或飞弧现象。导线间的最小间距主要由最恶劣情况下的相邻导线的峰值电压差、环境大气压力（最高的工作高度）和印制板表面所用的涂覆层所决定。一般情况下，印制导线的间距不要小于 1mm，等于导线宽度即可，导线越短，则间距应当越大。对于微型设备，最小导线间距不小于 0.4mm。表面贴装板的导线间距为 0.12 ~0.2mm，最小的甚至可能达到 0.08mm。在具体设计时，低频低压电路的导线间距的选择与焊接工艺有关，采用浸焊或波峰焊时，导线间距要大些，采用手工焊接时，导线间距可适当小些；高压电路的导线间距取决于工作电压和基板的抗电强度；高频电路主要考虑分布电容对信号的影响。表 3.2.2所列为安全工作电压、击穿电压与导线间距值。

表 3.2.2　安全工作电压、击穿电压与导线间距值

导线间距/mm	0.5	1.0	1.5	2.0	3.0
工作电压/V	100	200	300	500	700
击穿电压/V	1000	1500	1800	2100	2400

在高压电路中，相邻导线间存在着高电位梯度，必须考虑其影响。印制导线间的击穿将导致基板表面碳化、腐蚀和破裂。在高频电路中，导线间距将影响分布电容的大小，从而影响着电路的损耗和稳定性。因此，导线间距的选择要根据基板材料、工作环境、分布电容大小等因素来综合确定。最小导线间距还同印制电路板的加工方法有关，选用时就更需要综合考虑。

3）避免导线的交叉

在设计中，应当尽量避免导线的交叉。在单面板中，若碰到导线不得不交叉的情况，可以用绝缘导线跨接交叉点，不过这种接线应该尽量少。

4）印制导线的走向与形状

在设计印制导线的走向与形状时应注意以下几点。

（1）印制导线的走线应尽量自然，不要有急剧的拐弯和尖角。若有避免不掉的拐角，则弯曲与过渡部分均应用圆弧连接，拐角不得小于 90°。

（2）导线通过两个焊盘之间而不与它们连通的时候，应该与它们保持最大且相等的间距。

（3）导线与焊盘连接处的过渡也要圆滑，避免出现小尖角。

（4）同一印制板上的导线之间的距离应当均匀、相等并且保持最大，地线除外。

（5）电源和地线应当布设在一起，以去除电源线耦合造成的干扰。公共地线要多保留一些铜箔。

(6) 如果印制电路板面需要有大面积的铜箔,如电路中的接地部分,则整个区域应镂空成栅状,如图 3. 2. 3 所示,这样在浸焊时能迅速加热,并保证涂锡均匀。栅状铜箔还能防止印制电路板受热变形,防止铜箔翘起和剥落。

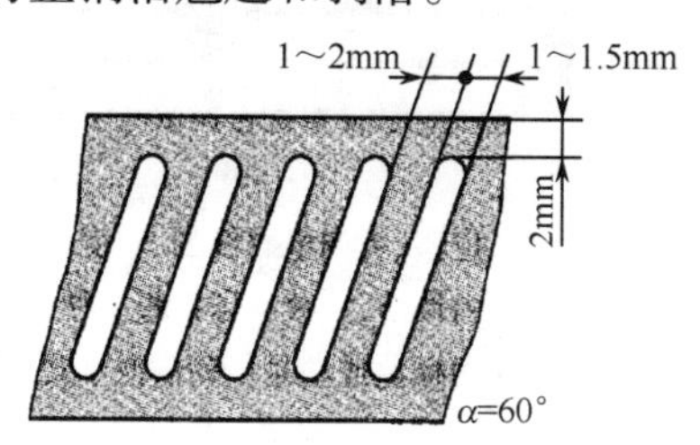

图 3. 2. 3 栅状铜箔

印制导线的形状可分为平直均匀形、斜线均匀形、曲线均匀形和曲线非均匀形,如图 3. 2. 4所示。

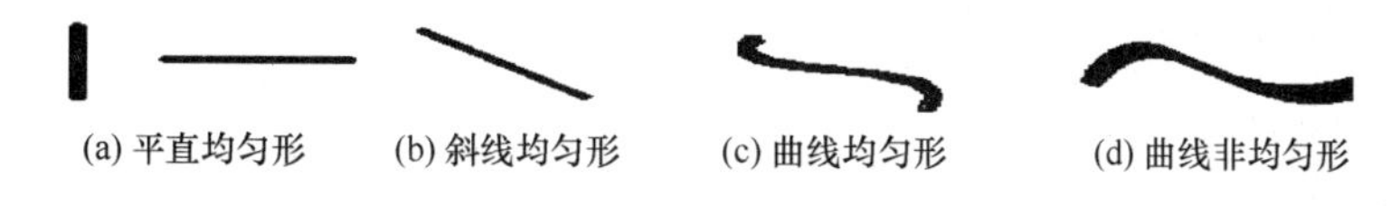

图 3. 2. 4 印制导线形状

印制导线的图形除要考虑机械因素、电气因素外,还要考虑导线图形的美观大方,图 3. 2. 5给出了部分合理与不合理的印制导线的形状和走向。

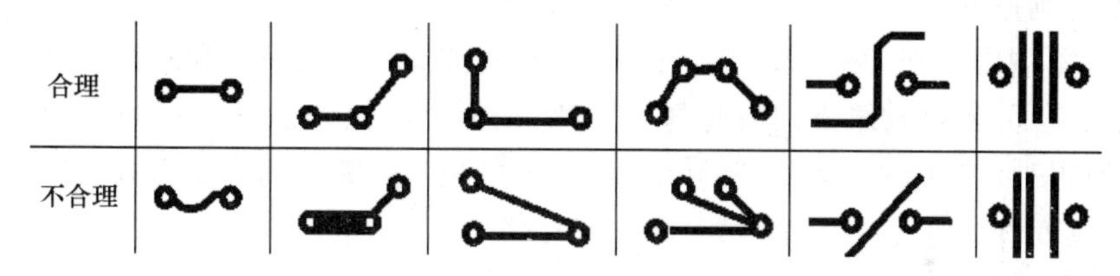

图 3. 2. 5 印制导线的走向与形状

5) 导线的布局顺序

在印制导线布局的时候,由于信号线较集中,密度也较高,因而需先考虑布信号线,然后再考虑电源线和地线。布局时,电源线和地线要比信号线宽得多,且对长度的限制要小一些,有些元器件使用大面积的铜箔地线作为静电屏蔽层或散热器。

3. 过孔的设计尺寸

过孔也称连接孔。双面板和多层板的导电层之间互相绝缘,如果需要实现不同导电层之间的电气连接,需要通过过孔实现。过孔的制作方法为:在多层需要连接处钻一个孔,然后在孔壁上沉积导电金属。

过孔是用来连接不同层之间的导电铜箔,它的作用与铜箔导线一样,是用来连接元器件之间引脚的。过孔有 3 种形式,即通孔(Through)、半盲孔(Blind)和盲孔(Buried),如图 3. 2. 6 所示。通孔就是从顶层打通到底层的孔;而从顶层或底层只到某个中间层,而不打通的孔叫半盲孔,半盲孔在板子外部是可见的;那些只用于中间层的导通连接,而没有穿透到顶层或底层的孔称为盲孔。

一般的过孔直径为 0. 6 ~ 0. 8mm,高密度板可减小到 0. 4mm。

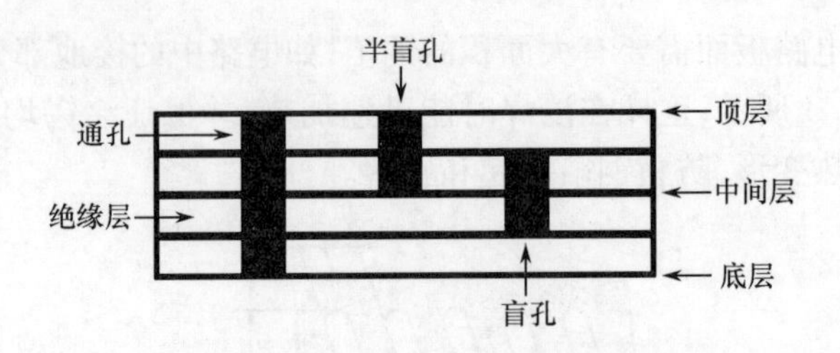

图 3.2.6 电路板过孔示意图

3.2.5 元器件的布局与布线

把电子元器件及其连线在一定的制板面积上合理布局，是设计印制电路板的第一步，它决定了板面的整齐美观和印制导线的长短和数量，也在一定程度上影响了整机的性能。在考虑元器件的布局前，首先要考虑 PCB 尺寸的大小。PCB 尺寸过大时，印制线路长，阻抗增加，抗噪能力下降，成本也增加；PCB 尺寸过小，则散热不好，且邻近线路易受干扰。在确定 PCB 尺寸后，再确定特殊元件的位置。

印制电路板由于其自身的特点，如印制导线都是平面布置，单面印制板上导线不能相互交叉，铜箔的抗剥离强度较低，接点不宜多次焊接，不宜采用一点接地等，使得元器件在印制电路板上的布局与布线也有许多独特之处。

1. 元器件的排列格式

1）不规则排列

元器件不规则排列如图 3.2.7 所示，此种排列方式以立式安装为主，按照电路的电气连接就近布局，元器件轴线方向彼此都不一致，在板上的排列没有一定的规则，看起来杂乱无章，但印制导线布设方便，印制导线短而少，可减少线路板的分布参数，电路间的干扰较少，特别对抗 30MHz 以上的高频干扰极为有利。

2）规则排列

元器件规则排列如图 3.2.8 所示，此种排列方式以卧式安装为主，元器件轴线方向与板子四边保持垂直或平行，排列规范、整齐，便于机械化打孔及装配，但由于受方向和位置的限制使得布线比较复杂。这种排列方式适用于 1MHz 以下的低频电路和低电压电路。

图 3.2.7 元器件不规则排列

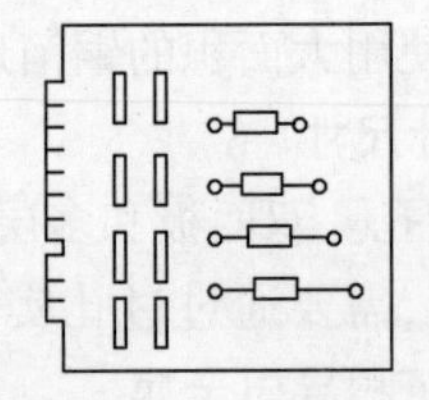

图 3.2.8 元器件规则排列

综上所述，元器件应当均匀、整齐地排列在印制电路板上，印制导线应尽可能短，元器件的两种排列格式在印制电路板上可结合实际情况单独或同时使用。

2. 元器件布设原则

这里以单面印制电路板为例，介绍元器件布局时需考虑的问题。

（1）通常情况下，所有元器件均应布置在印制电路板的一个面上，每个元器件引脚单独占用一个焊盘，而且应当把元器件印有型号、规格、铭牌的那一面朝上，以便于检查、加工、安装和维修。

（2）板面上的元器件，尽量按照电路原理图顺序成直线排列，力求紧凑以缩短印制导线长度，并且元件的组装密度要均匀。在满足电气性能的前提下，元件应相互平行或垂直排列，并与印制板边平行或垂直，以求整齐、美观。一般不得将元器件重叠安放，如确实需要重叠，应采用结构件加以固定。这样不仅便于加工、安装和维护，而且外观上也能保持整齐美观。

（3）倘若由于板面所限，无法在一块印制板上安装下全部电子元器件，或是出于屏蔽的目的必须把整机分成几块印制板安装时，则应使每一块装配好的印制电路构成独立的功能，以便单独调整、检修和维修。

（4）元器件在印制电路板上布局时，注意不要使元器件占满板面，板边四周要留有一定的空间。留空的大小要根据印制电路板的面积和固定方式来确定，位于印制电路板边上的元器件，距离印制电路板的边缘至少应大于2mm。电子仪器内的印制电路板四周，一般每边都留有5～10mm空间。

（5）元器件布设的位置应避免相互影响，不可上下交叉和重叠排列，相邻元器件间保持一定间距。间距不能过小，避免元器件相互碰接。如果相邻元器件的电位差较高，则应至少留出200V/mm的安全电压间隙。

（6）元器件安装高度尽量低，一般元器件体和引线离开板面不要超过5mm，以提高稳定性和防止相邻元器件碰撞。元器件两端焊盘的跨距应稍大于元器件轴向尺寸，弯脚处应留出距离，以防止齐根弯曲损坏元器件。

（7）对于电位器、可调电感线圈、可变电容器、微动开关等可调元件的布局应考虑整机的结构要求。对于一些重而大的元件，如变压器、扼流线圈、大电容器和继电器等，尽量安置在印制板上靠近固定端的位置，并降低重心，以提高机械强度和耐振、耐冲击能力，减少印制板的负荷变形。当元件超过15g或体积超过27cm^{3}时，也可在主要的印制电路板处，再安装一块至多块辅助底板，将这些器件安装在辅助底板上，并利用附件将它紧固，以提高耐振、耐冲击能力。

（8）对于辐射较强和电磁感应较灵敏的元器件，安装的位置应避免它们之间相互影响。可以加大它们相互之间的距离，或加以屏蔽。元器件放置的方向，应与相邻的印制导线交叉。特别是电感器件，要特别注意采取防止电磁干扰的措施。时钟脉冲发生器及时序脉冲发生器等信号源电路，在布局上应考虑有较宽裕的安装位置，以减少和避免对其他电路的干扰。

（9）机内调节应放在印制板上便于调节的地方，机外调节的位置与调节旋钮则要放在机箱上。

3.2.6 印制电路板对外连接方式的选择

印制电路板必然存在对外连接的问题，连接方式有导线焊接、插接件连接等多种形式。

1. 导线焊接方式

导线焊接方式是一种简单、价格低廉且比较可靠的连接方式，不需要任何插件，只要用导线焊接印制板上的对外连接点与板外的元器件或其他部件即可。收音机中的喇叭、电池盒,电子设备中的旋钮电位器、开关等,都是采用导线焊接的方式进行连接的。这种方式的特点是成本低且可靠性高,但维修不太方便,适用于外引线不多的情况。

采用导线焊接方式有以下几点需要注意。

(1) 电路板的对外焊点要引到板子的边缘处,排列尺寸和间隔要统一,以利于焊接与维修,并且将导线排列捆扎整齐,如图 3.2.9 所示,通过线卡或其他紧固件将导线与板子固定,以防折断导线。

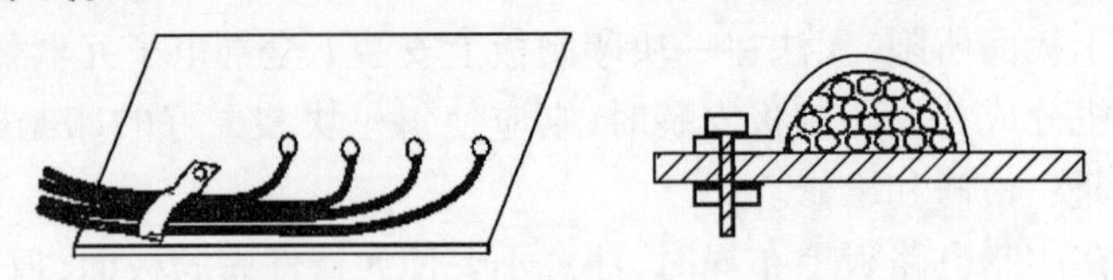

图 3.2.9 用紧固件将引线固定在板上

(2) 为提高导线连接的机械强度,避免因导线受到拉扯将焊盘或印制线路曳掉,最好在印制板上焊点的附近钻孔,让导线从电路板的焊接面穿绕过通孔,再从元件面插入焊盘孔进行焊接,如图 3.2.10 所示。

2. 插接件连接

插接件连接方式通常用在比较复杂的仪器设备中。插接件连接即印制电路板上对外连接点通过插座和板外元器件进行连接。接插件的品种繁多,具体如下。

(1) 印制插座。如图 3.2.11 所示,在印制电路板的边缘制作了印制插头,可与印制电路板专用的印制插座相连接。这种连接方式方便维修和更换,适合大批量生产。

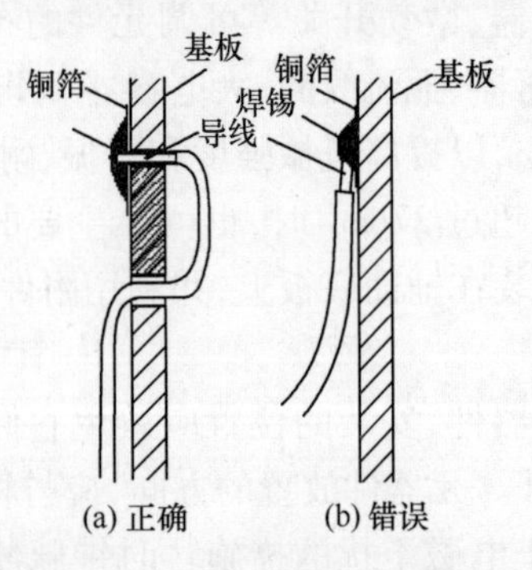

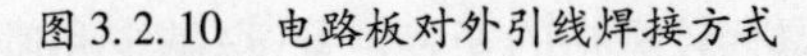

图 3.2.10 电路板对外引线焊接方式

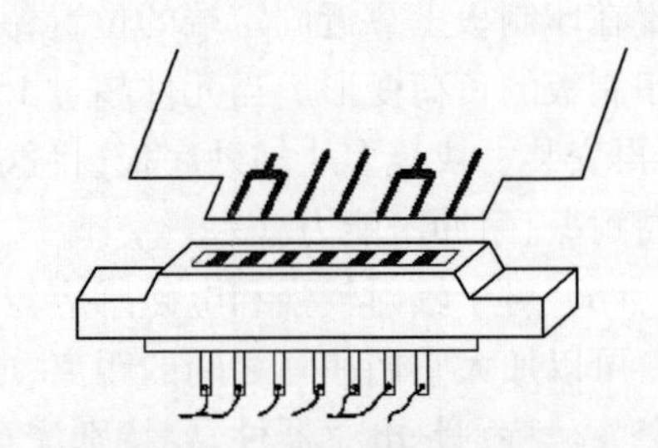

图 3.2.11 印制插座连接方式

(2) 其他插接件。印制板对外连接的插头还有条形插接件、矩形插接件、D 形插接件和圆形插接件等种类。

图 3.2.12(a)所示为条形插接件,条形插接件的连接线数目为两根到十几根不等,线间隔有 2.54mm 和 3.96mm 两种规格。如图 3.2.12(b)印制板左上角的 3 个接插件所示,通常将插座焊接在印制板上,插头用压接方式连接导线。当印制板对外连接线较少时常使用条形插接件,如 PC 上的电源线、声卡和 CD - ROM 音频线等。

如果印制板上有大电流信号对外连接,可以采用矩形接插件。矩形插接件如图 3.2.13所示,其连接线数目为 8 ~ 60 根,线间隔为 2.54mm,插头常采用扁平电缆压接方式。这种插座的体积较大,不宜直接焊接在电路板上。为了保证足够的机械强度和可

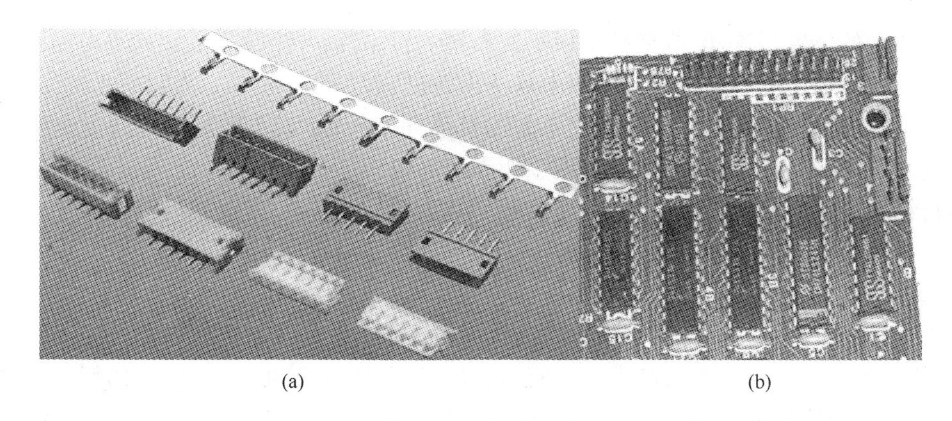

(a)　　　　　　(b)

图 3.2.12　条形插接件

靠的对外连接,需要另作支架,将电路板和插座同时固定。常见的矩形插接件有计算机的硬盘、数据信号线以及并/串口的连接线等。

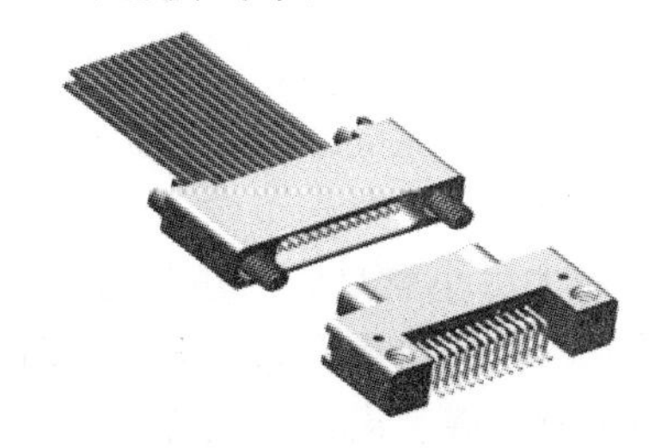

图 3.2.13　矩形插接件

3.3　印制电路板的制造工艺

3.3.1　印制电路板的布局设计

印制电路板的布局即元器件在板上的位置安排。在印制电路板的制造中,元器件的布局至关重要。在印制电路板上,只有对元器件及其连线进行合理布局,才能使整机可靠地工作;否则各种干扰就可能出现,从而降低整机的技术指标。有些布局虽能达到相关技术参数的要求,但整个排版疏密不均、杂乱无章,也会妨碍产品的装配和维修,这种设计也是不合理的。因此,要对元器件进行合理的排版布局,使元器件整机性能优良且布局整齐美观,这是整个印制电路板设计中的重要一环。

1. 布局要求及原则

印制电路板布局设计时,既要保证电路的基本功能和电气性能指标,又要便于产品的生产、维护和使用。此外,在没有严格的尺寸要求时,要使布局兼具美观性,元器件排列尽量整齐、疏密一致。

元器件布局应遵循以下原则。

(1) 就近原则。要考虑每个元器件的形状大小、正负极性和引脚数目的多少,以连线最短为最佳,调整它们的位置及方向。某个功能区域相关的元器件均应放置在一起。

(2) 信号流原则。整个电路按照功能划分成若干电路单元,按照信号的走向来放置各电路单元的位置。这样,既使整个板子的布局一目了然,又方便安装和检查电路。信号的走向一般习惯上安排为左入右出或上入下出等形式。

(3) 散热原则。印制电路板基材不耐温且热导率较低,铜箔的抗剥离强度也随着工作温度的升高而降低,所以印制电路板工作温度一般不能超过85℃。印制电路板的主板在进行结构设计时,可通过均匀分布热负载、元器件装散热器、在印制板与元器件之间设置带状导热条、局部或全部强迫风冷等方法进行散热。对于发热元器件,应优先安排在有利于散热的位置。必要时可以单独设置散热器,以降低温度和减少对邻近元器件的影响。晶体管、整流元件的散热器,可以直接安装在它的外壳上,也可以把散热器设法固定在印制板、机壳或机器底板上。大功率的电阻器,可以用导热良好的1~3mm厚的铝板弯曲面圆通,紧贴在电阻器的壳体上,并加以固定,以便散热。对热敏元件,应远离高温区域,或者采用隔离墙式的结构把热源与其断开,以避免受发热元件的影响。一些功耗大的集成电路、中/大功率晶体管、电阻器等元件,要布置在容易散热的地方,并与其他元件隔开一定的距离。

(4) 布放顺序。元器件按照先主后次、先大后小、先特殊后其他、先集成后分立的原则进行布放。先主后次即先布设每个功能电路的主要器件,然后围绕着主要器件再布设其他次要器件。例如,在三极管电路中,一般先布设三极管各电极的位置,然后再根据各个电极的连线布设其他线路。先大后小就是先将占地较大的器件布设完后再布设小器件。先特殊后其他即先确定特殊器件的位置再布设其他元器件,这里的特殊器件是指对产品的整机性能有着重大影响的器件或者设计时位置已经固定不能改变的器件。先集成后分立就是先将板子上的集成元器件布设完毕后再考虑分立元器件。

2. 地线设计

在印制电路板的布局设计中,地线的设计十分重要,有时可能关系到设计的成败。众所周知,在实际线路中,地线并不能保证绝对的零电位,导线必然存在电阻,地线的电阻称为共阻。地线是电流的公共通路,地线的共阻干扰会影响电路的许多性能指标,因此,地线设计最主要的就是如何消除它的共阻干扰。

一个电路系统中的地线通常可分为系统地、机壳地(屏蔽地)、数字地(逻辑地)和模拟地等几种,在设计连接时应根据实际情况区别对待。

1) 单点接地与多点接地

为了降低地线阻抗干扰,可让高增益、高灵敏度电路与各单元的接地点实现单点接地。单点接地是指在布局时,为了防止各级电路的内部因局部电流产生的地阻抗的干扰,而将本单元各个器件的接地线路尽可能就近接到公共地线的某一点或某一区域里,如图3.3.1(a)、(b)、(d)所示,或者接到一个分支地线上去,如图3.3.1(c)所示。

在低频、中频和高频的各级电路中,单点接地用来防止局部电流的共阻抗干扰都是比较有效的。特别是对于那些信号频率小于1MHz的低频电路,由于低频电路中布线和元器件之间的电感影响几乎可以忽略不计,此时地线电路电阻上产生的压降对电路影响较大,必须采用单点接地。

单点接地时需注意以下几个方面的问题。

(1) 在实际布线时,各级接地的元器件较多,并不一定能绝对做到单点接地,只要将本级接地线路尽量安排在公共地线的某一段或某一个区域内即可。这里的本级接地元器

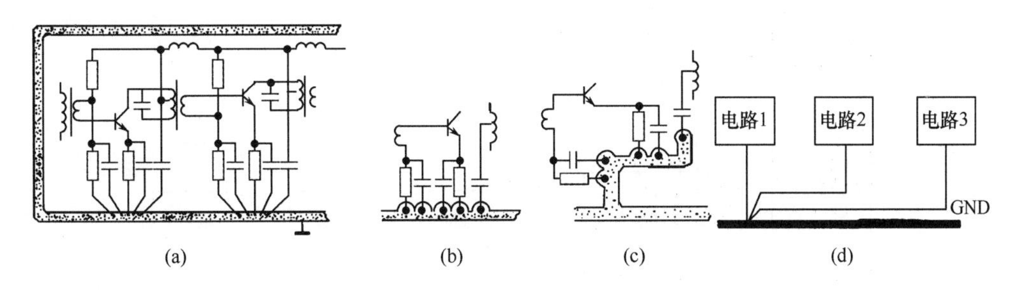

图 3.3.1 单点接地

件是指与本级晶体管直接连接或者通过电容耦合的板内外元器件，如输出功率管和滤波电解电容、电源滤波电容和扬声器等，而电感耦合的次级及其元器件则不属于本级。当电感耦合为多组时，则初级及各组之间的接地不宜采用单点接地。

（2）元器件较多、体积较大时，单点接地可用较长的接地分支区域来实现，但其他级元器件则不能接入此接地分支。

（3）当电路工作频率在 30MHz 以上或是工作在高速开关的数字电路中时，地线电感的影响是不可忽略的。此时，为了减少地阻抗，高频电路的地线一般采用大面积铺铜来实现单点接地，将本级的接地元件的接地点尽可能分布在一个较小的区域内，如图 3.3.2 所示。

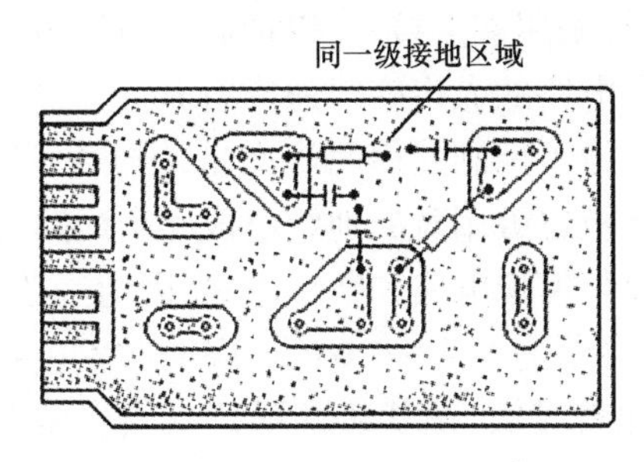

图 3.3.2 大面积铺铜实现单点接地

有时在一个系统中，特别是高频电路中，可将各个接地点都直接接到距离它最近的接地平面上，使接地线的长度为最短，即多点接地。多点接地的接地点可以任意，它可以是设备的底板，也可以是贯通整个系统的地导线，还可以是设备的结构框架等。多点接地的电路结构比单点接地简单。由于采用了多点接地，使得电路中的接地回路比较多，有很多的地阻抗路径并联，因而减小了射频电流返回路径的阻抗。但多点接地系统需要经常维护以保证良好的导电性能。多点接地如图 3.3.3 所示。

综上所述，低频电路的地应尽量采用单点并联接地，实际布线有困难时可部分串联后再并联接地。高频电路宜采用多点串联就近接地，地线应短而粗，电路的工作频率越高，地线应越宽。

2）模拟电路接地和数字电路接地

模拟电路零电位的公共基准地线即模拟地。模拟电路比较复杂，电路包含小信号放大电路、多级放大电路、整流电路和稳压电路等，因此模拟电路接地必须恰当；否则会引起干扰，影响电路的正常工作。

模拟电路的工作频率比较低、灵敏度较高，一般用单点接地的方式。在模拟电路中，

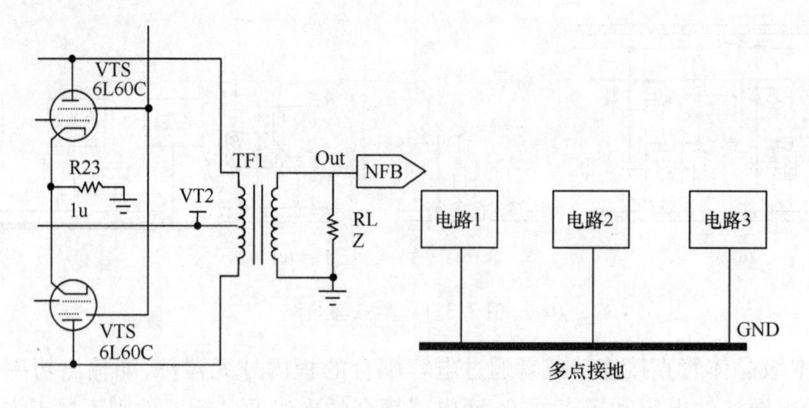

图 3.3.3　多点接地

单点接地主要用来防止来自如数字逻辑器件、电动机、电源、继电器等其他噪声元器件的大接地电流流经模拟地线。模拟输入的灵敏度决定了模拟接地所要求的无噪声度。例如,对于低电平的模拟放大器,要求 10μV 输入信号的会比要求 10V 输入信号的更易受干扰。因此,10μV 输入的放大需要一个干净的接地系统。

数字电路零电位的公共基准地线即数字地。数字电路工作在数字脉冲下,在数字脉冲的上升沿或下降沿或频率较高时,都会产生大量的电磁波干扰电路。

在数字高频电路中,通常采用多点接地,以抑制接地噪声电压和数字设备布线区域的压降产生的高频电流。数字电路的噪声容限通常有几百毫伏,它能够承受的接地噪声梯度大约有数十到数百毫伏。为了控制共模回流产生的损耗,数字电路的机壳应使用多点接地。数字电路的印制电路板也可用宽的地线组成一个回路,即构成一个地网来使用。

若印制电路板上同时安装模拟电路和数字电路,因为一般数字电路的频率较高、抗干扰能力强,如 TTL 电路噪声容限为 0.4 ~ 0.6V,COMS 数字电路的噪声容限为电源电压的 0.3 ~ 0.45 倍,而模拟电路比较灵敏,微伏级的噪声就会影响其工作,所以需注意将高频信号的数字地与敏感的模拟地分开,地线不能混接,同时要加大线性电路的接地面积。如图 3.3.4 所示,整个印制电路板的对外接地点只有一个,数字地和模拟地在板内也是分开互不相连的,数字地与模拟地只是在印制电路板与外界连接的接口处有一点连接。

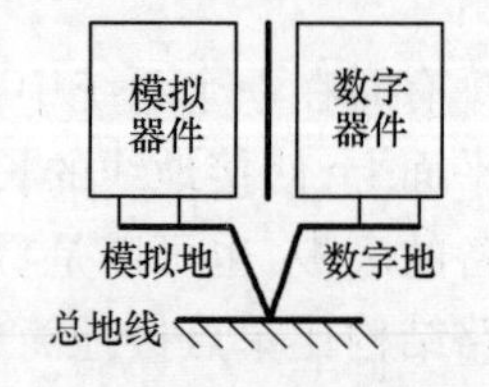

图 3.3.4　数字地和模拟地分开

3）地线设计其他需注意的地方

（1）一般将公共地线布置在印制电路板的最边缘部位,以方便将印制电路安装在机壳上,也便于机壳与地相连接。导线与印制电路板的边缘应留有不小于板厚(不小于 2mm)的距离,这不仅便于安装导轨和进行机械加工,而且还提高了电路的绝缘性能。

（2）接地线应尽量加粗。若地线很细,接地电位会随电流的变化而变化,使系统特别是模拟系统的抗噪性能降低而受到干扰。因此,地线应尽量加宽,使它能通过 3 倍于印制电路板上的允许电流。最好是地线比电源线宽,地线、电源线和信号的关系是:地线 > 电源线 > 信号线,信号线宽通常为 0.2 ~ 0.3mm,信号线最细宽度可达 0.05 ~ 0.07mm;电源线为 1.2 ~ 2.5mm。如条件允许,接地线应在 2 ~ 3mm 以上。

（3）接地线应构成闭环回路。印制电路板上各单元的地线必须分开,各级电路的地线自成封闭回路，以防不同回路的电流同时流经某一段公用地线，减小级间地电流的耦合。

对于只有数字电路组成的印制电路板，由于板上有很多集成器件，尤其遇到有耗电多的器件时，地线粗细的限制会导致地线上产生较大的电位差，使电路的抗噪声能力下降。此时，若将其接地电路设计成封闭环路，可以减少接地电阻和接地电位差，显著提高系统的抗噪声能力。如图3.3.5所示，形成封闭回路时，要尽可能减小信号线与其回路构成的环面积，以减小电路对外辐射和外界的干扰。

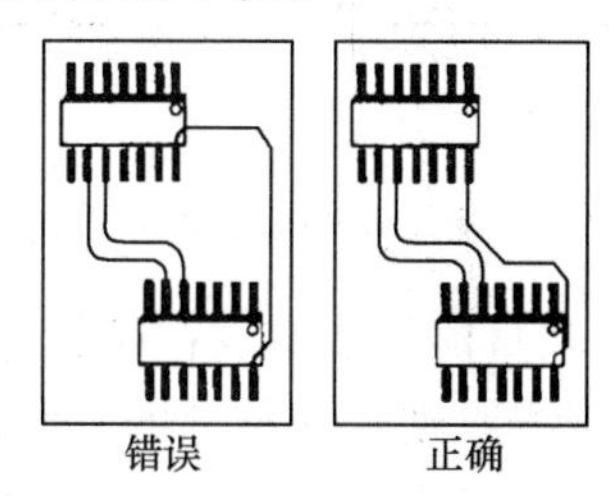

图3.3.5 使闭合环最小

另外，当印制电路板附近有强磁场时，地线不能做成封闭回路，以免封闭的地线成为一个闭合线圈而引起感生电流。

3. 电源线设计

电子产品的供电电源大都是由220V交流电压经过降压、整流、稳压后提供的。电源线设计时需注意以下问题。

(1) 要根据印制电路板电流的大小，尽量加粗电源线宽度，减少环路电阻。

(2) 总电源到各个系统之间的电源走线，不能采用一根总电源线逐板分配，而应该用导线单独分配，以减小电流。

(3) 对于各部分电路内部的电源走向，应采取电源从末级向前级供电的方式逐级供电，并将滤波电容放在该部分电路的末级附近，如图3.3.6所示。

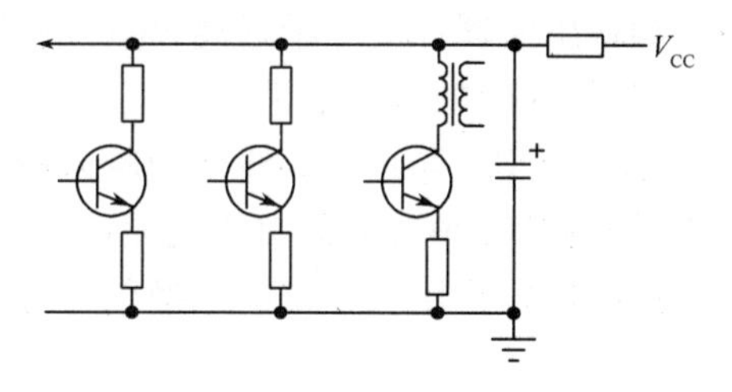

图3.3.6 电路内部的电源走向

(4) 应根据电路串联的先后顺序，安排电源线的走向，使电源线、地线的走向和数据传输的方向一致，这样有助于增强抗噪声能力。

(5) 强电弱电要分开。若交流和直流回路互相有连接，则交流信号会干扰直流电路，使整个电源的质量下降。

4. 信号线设计

(1) 为了减小导线间的寄生耦合，在布线时要按照信号的流通顺序进行排列，电路的输入端要远离输出端，布线时使输入/输出电路分别列于电路板的两边，两者之间最好用地线隔开，以免发生反馈耦合。在图 3.3.7(a)中，由于输入端和输出端靠得过近，且输出导线过长，将会产生寄生耦合，将其改成图 3.3.7(b)所示的布局就比较合理。

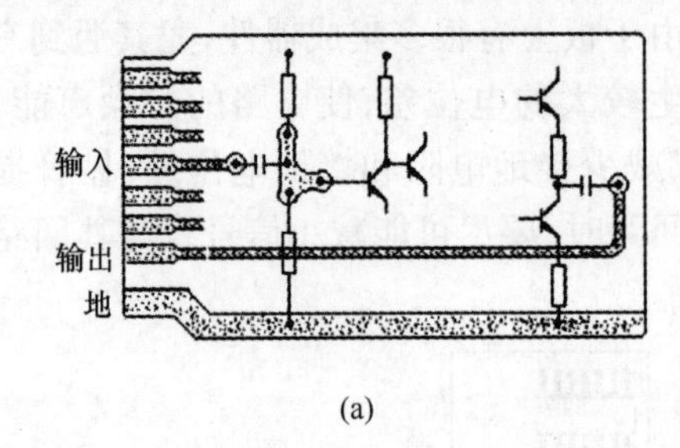

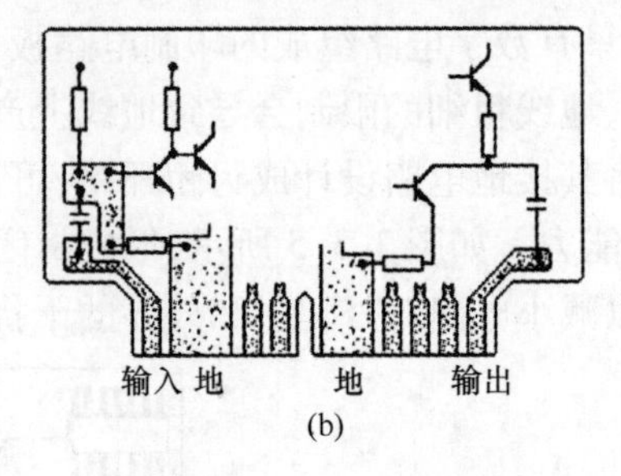

图 3.3.7　输入端和输出端导线的布设

(2) 电源、滤波、控制等低频和直流导线应放在印制电路板的边缘布线。高电位导线应尽量远离低电位导线，最好的布线原则是使相邻的导线间的电位差最小。印制电路板上的布线应短而直，应避免长距离平行走线，必要时可以采用跨接线，双面印制板两面的导线应垂直交叉。高频线路则应放在印制电路板的中间，以减小高频导线对地线和机壳的分布电容，同时也便于板上的地线和机架相连。

(3) 高频电路必须保证高频导线、晶体管各电极的引线、输入和输出线短而窄，导线间距要大，若线间距较小要避免导线的相互平行。高频电路应避免用外接导线跨接，若需要交叉的导线较多，最好采用双面印制电路板，将交叉的导线印制在板的两面，这样可以使连接导线短而直，在双面板两面的印制导线应避免互相平行，以减小导线间的寄生耦合，最好成垂直布置或斜交，如图 3.3.8 所示。

图 3.3.8　双面印制电路板高频导线的布设

5. 抗电磁干扰设计

为使印制板上元器件的相互影响和干扰最小，高频电路和低频电路、高电位与低电位的元件不能靠得太近。输入和输出元器件应尽量远离，尽可能缩短高频元器件之间的连线，设法减少它们的分布参数和相互间的电磁干扰。

随着高密度精细线宽/间距的发展，导线与导线间距越来越小，导线与导线之间的耦合和干扰作用会产生杂散信号或错误信号，俗称串扰或噪声。这种耦合作用可分为电容性耦合和电感性耦合作用。这些耦合作用所带来的杂散信号，应通过设计或隔离办法来减少或消除。

(1) 采用信号线与地线交错排列或地线包围信号线，以达到良好的隔离作用。

(2) 采用双信号带状线时，相邻的两层信号线不宜平行布设，应相互垂直、斜交，以减少分布电容的产生，防止信号耦合。同时不宜成直角或锐角走线，应以圆角走弧线或斜线，尽量降低可能发生的干扰。

(3) 减少信号线的长度。目前在保持高密度走线下，缩短信号传输线的最有效方法是采用多层板结构。

(4) 应把最高频信号或最高速数字化信号组件尽量接近印制电路板连接边的输入/输出处。

(5) 对高频信号和高速数字化信号的组件的引脚,应采用有 BGA(球栅阵列)类型结构,而尽量不采用密集的 QFP(方形扁平封装)形式。

(6) 采用最新的 GSP(裸芯片封装)技术。

6. 退耦电容设计

一般来说,印制电路板设计时通常在板子的关键部位设置退耦电容。退耦电容由集成电路的速度和工作频率所决定,通常来说,速度越快,频率越高,所需的电容容量越小,且需使用高频电容。以下为退耦电容的设计要求。

(1) 电源输入端需配置一个 10 ~ 100μF 的电解电容,也可以将一只 10μF 的电解电容和一只 0.1μF 的瓷片电容并联后接在电源的输入端。当电源线在印制电路板内的长度大于 100mm 时应再加一组电容。

(2) 板子上至少每 4 ~ 8 个集成芯片的电源处需连接一个 1 ~ 10pF 的电容。若印制板空间允许,则最好每个集成芯片的电源处都应连接一个 0.01pF 的瓷片电容。这里的退耦电容要加在电源线和地线之间。

(3) 对于如 RAM、ROM 存储器这样的抗噪能力较差、电源断开时变化较大的器件,应在芯片的电源和地之间接入退耦电容。

(4) 若板中有继电器、按钮等元器件时,必须在电路中加入 RC 电路进行放电,以防操作时产生放电火花。

(5) COMS 芯片的输入阻抗比较高,极易受到外界的干扰,在使用时不用的输入端要正确的进行接地或接电源处理。

(6) 退耦电容的引线不能留得太长,尤其在高频电路中的旁路电容引线更要短。

3.3.2 印制电路板的图纸绘制

印制电路板的板图,是指能够准确反映印制电路板上元器件的位置及其连接线路的电路图。焊盘的位置及间距、印制导线的走向及连接、整个板子的外形尺寸等内容均要在板图中清楚地标识出来。板图的设计,通常是通过手工绘制的方法或计算机辅助 CAD 设计出来的。

1. 印制电路板坐标尺寸图的设计

用手工绘制印制电路板时,根据电路原理图,可借助方格面积为 $1mm^2$ 或 $2.5mm^2$ 的坐标纸来确定印制电路板上元器件的坐标位置,画出电路板坐标尺寸图。坐标尺寸图的设计和绘制中,需要结合电路图来考虑元器件布局和布线的要求,要考虑板内的元器件是哪些,板内需要加固、散热和屏蔽的元器件是哪些,还有哪些元器件在板外,板外连线需要多少,引出端的位置如何等,必要时还应画出板外元器件连线图。

印制电路板坐标尺寸图的设计,有两个方面的要点。

(1) 要选出板子上的典型元器件,把它作为板面布局的基本单元。典型元器件是在板子上需安装的所有元器件中,在几何尺寸上具有代表性的元器件,它是布置元器件时的基本单元。然后估计典型元器件的尺寸,再估计其他大元器件尺寸相当于典型元器件的倍数,即一个大元器件在几何尺寸上相当于几个典型元器件,这样就可以算出整个印制电路板需要多大尺寸,或者在规定的板面尺寸上,一个元件能占多少面积。

(2) 确定元器件安装孔的位置。在布置元件安装孔的位置时,如图 3.3.9 所示,各元件的安装孔的圆心必须设置于坐标格的交点上。阻容元件、晶体管等应尽量使用标准跨距,以适应元器件引线的自动成型。

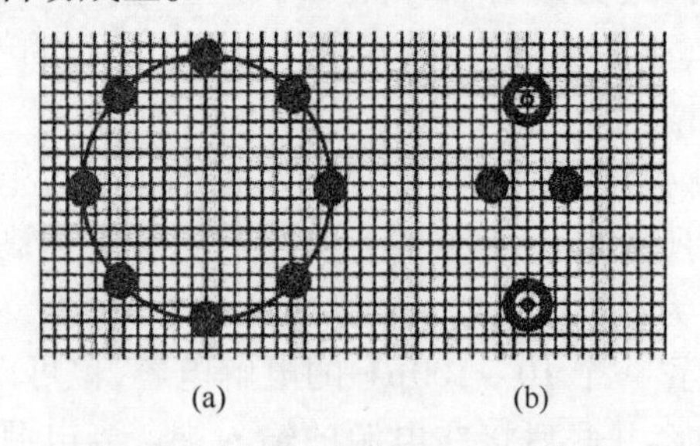

图 3.3.9　坐标网格的使用要求

2. 绘制印制电路板的板图

绘制印制电路板的板图就是画出排版连线图,它是在印制电路板的外形尺寸基本确定下来的前提下确定排版方向,并大致安排主要元器件的位置及其引线、电源线、地线的走向。

(1) 画出印制板的外轮廓。印制电路板的形状一般是根据机箱外壳设计成长方形或矩形,在方格纸上绘制草图的比例一般为1:1、2:1 或4:1。印制电路板的四周留出 5 ~ 10mm 的安全距离,在安全距离内不画任何线路图。画出印制电路板的定位孔,留出技术要求说明空间。

(2) 确定排版方向。排版方向是指在印制电路板上电路从前级向后级电路总的走向。排版方向可以是从左向右或从右向左,这是设计印制电路板和布线首先需要解决的问题。一般在设计印制电路板时,总是希望有统一的电源线及地线,电源线及地线与晶体管最好保持一个最佳的位置,也就是说它们之间的引线应尽量短。

(3) 绘制单线不交叉图。电路原理图一般以信号流程及反映元器件在途中的作用为依据,因而在原理图中走线交叉现象很多,这对读图毫无影响,但在印制电路板中出现导线的交叉现象是不允许的,因此在确定排版方向以后,接着要绘制单线不交叉图。要使导线不交叉,可以通过重新排列元器件位置与方向来解决问题。但是在比较复杂的电路中,有时即使重新排列元件位置也不能完全避免导线的交叉问题,这时可采用"飞线"来解决问题。"飞线"即在印制电路板导线的交叉处切断一根,用一根短接线从板的元件面连接。在实际设计时,只能采用少量"飞线"来解决电路导线交叉的问题;否则会影响印制电路板的设计质量。

单线不交叉图绘制方法如图 3.3.10 所示。单线交叉图的绘制是手工设计印制电路板的一个重要阶段,初学者往往不能一次性画好,需要确实读懂电路图,绘制多张草图慢慢改进。

(4) 按照排版方向,查阅元器件手册,确定相关元器件的跨距及尺寸,依次画出印制电路板上的单元电路及其主要元器件,如晶体管、集成电路等的外形轮廓。在绘制元器件时,可将元器件剪成纸形,在方格纸上放置以确定其位置。小型元器件可不画轮廓,但要做到心中有数。需注意的是,元器件的外形轮廓要与实物一致,元器件的间距要一致。

元器件位置确定后,标出焊盘位置,确定元器件孔的位置。元器件孔的位置主要由元器件引脚间的跨度所决定。设计时,注意印制电路板周边的孔要与板子边缘保持一定的

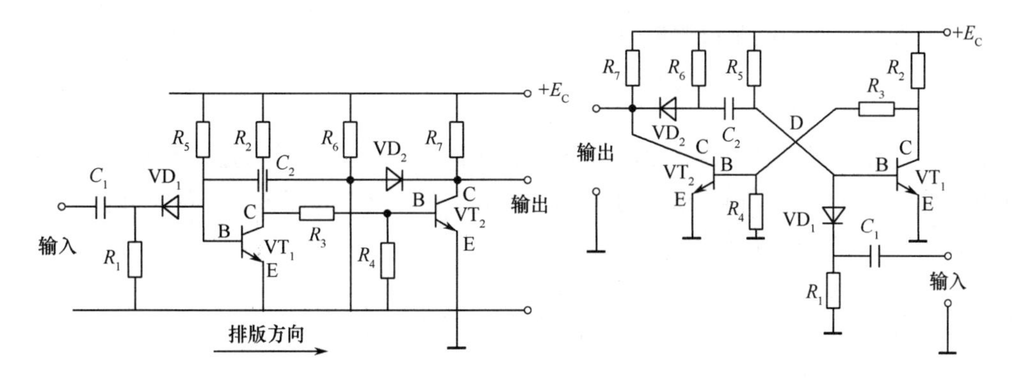

图 3.3.10　绘制单线不交叉图

间距，孔与孔之间的连线以最短为最佳。

（5）然后按照单线不交叉图勾勒出各元器件连接的印制导线，如图 3.3.11 所示。在进行印制导线的绘制时，需要注意印制导线要尽量短且少，导线的排列不能过于密集；导线的拐弯处要尽量采用斜线；若导线间存在夹角，则导线间的夹角不能小于 90°；导线的安排要使元器件排列整齐；尽量不要用圆弧形的印制导线；当印制导线跨度较大时可采用分叉或岛形方式解决。要做到以上几点，需要反复调整和修改元器件的位置和方向才能实现。

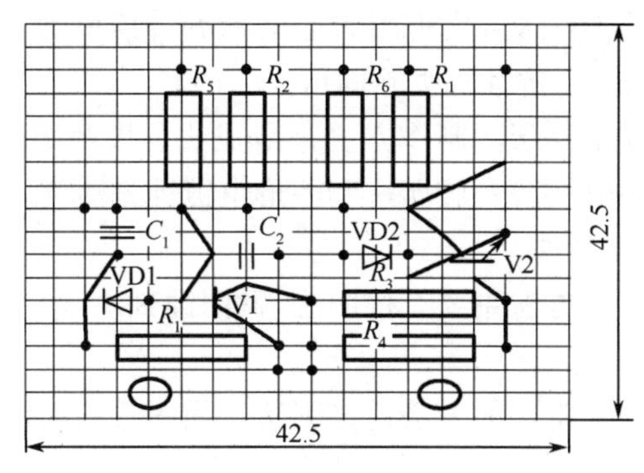

图 3.3.11　排版设计草图

（6）核对无误后，擦去元器件实物外形轮廓图，用绘画笔重描焊盘及印制导线，留下的即为绘制印制板用的工艺底图，即照相底图，如图 3.3.12 所示。

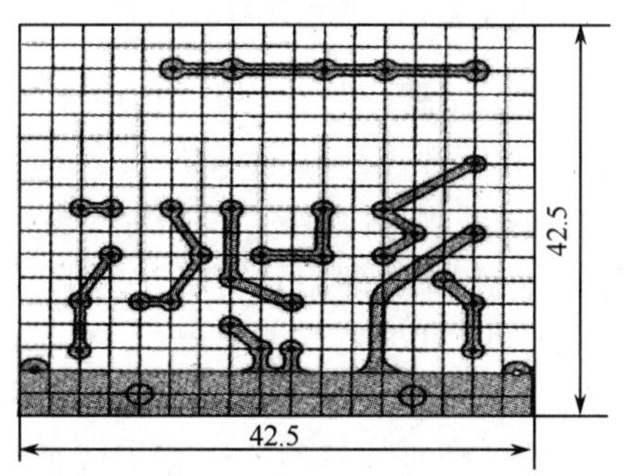

图 3.3.12　印制导线照相底图

以上是单面印制电路板的板图绘制，双面板的绘制与单面板绘制基本相同。双面板板图绘制时印制导线和焊盘是分布在板子的正、反两面的，一般把元器件布设在一面，主要的印制导线布设在另一面。绘制时元器件面一定要标注清楚，以便印制图形符号及产品标记。两面印制导线最好分布在两面且互相垂直而不要平行布设，以减少干扰。如果印制导线在一面绘制，则采用双色加以区别，并注明对应层的颜色。绘制时，两面的焊盘要严格对应，可通过针扎孔将一面焊盘中心引到另一面。

当然，印制电路板的绘制除了以上介绍的手工绘制的方法外，随着计算机科学技术的发展，还可以采用计算机绘图等方式，它们比手工绘制的图纸更加精准和快速。

3.3.3 印制电路板的制造工艺

1. 印制电路板的制作方法

印制电路板的制造就是将设计好的印制电路板的板图转印到覆铜箔层压板上。其制作方法有两种，即减成法和加成法。

减成法又称为铜箔蚀刻法，即先将基板上敷满铜箔，用防护性抗蚀材料在覆铜箔层压板上形成 PCB 板图形，然后用化学或机械的方法蚀刻掉不需要的部分。蚀刻结束后，再将抗蚀层除去，这样最终留下的就是由铜箔构成的印制电路。

加成法又称为添加法，就是在没有覆铜箔的绝缘基板上，用化学沉铜等方法，使用抗蚀剂转印出反性的 PCB 板图，然后将板图表面清洁处理后电镀一层金属层，此时金属层图形即为 PCB 板图。接着，将抗蚀剂去除即可。

目前普遍使用的印制电路板的制作方法是减成法。按照图形转移方法的不同，减成法又分为丝网漏印法、照相感光法、胶印法和图形电镀蚀刻法等。

2. 印制电路板的手工制作

手工自制印制电路板的方法主要有描图法、贴图蚀刻法、铜箔粘贴法和雕刻法等。

1）描图法

手工制作印制电路板最常用的方法是描图法。描图法的制作过程如图 3.3.13 所示。

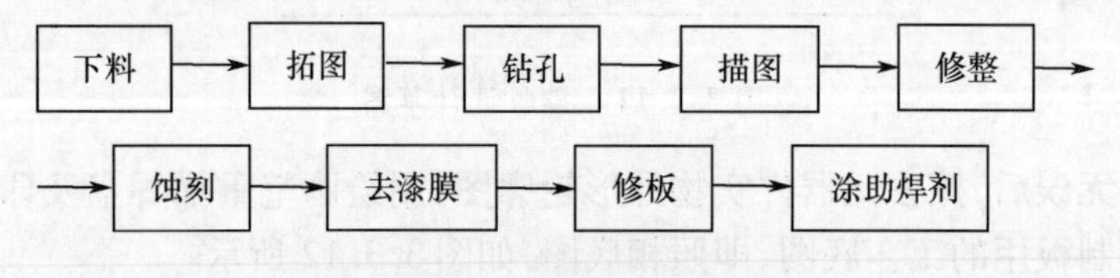

图 3.3.13 描图法的制作过程

（1）下料。按实际设计尺寸剪裁覆铜板，裁板过程中要注意板面划伤、裁剪尺寸、裁剪是否有毛边等问题。裁剪后用细砂纸或专用清洗液去除其油污锈渍和覆铜板上的氧化层，将板四周打磨平整、光滑，除去毛刺，并用清水洗净晾干或用干净抹布擦干。

（2）拓图。拓图就是复印印制电路，即用复写纸在覆铜板上拓印出已设计好的印制板图。拓图时用单线表示印制导线，以小团点表示焊盘。特别需要注意的是，若需拓制双面板，板与板图需有 3 个定位点，并且这 3 个定位点不能在一条直线上。

（3）钻孔。拓图后要认真检查焊盘与导线有无错误或遗漏，接着按照图纸所标元器件引线位置采用高速精密台钻在板上打样、冲眼、定位、打焊盘孔。打孔时注意孔必须钻正，一定要钻在焊盘的中心且垂直板面的位置。钻孔时注意钻床转速应取高速，用力不宜过快和过大，以免造成孔移位、折断钻头或铜箔挤出毛刺的情况，并注意导线图形一定要清晰，孔周围若有毛刺时一定不要用砂纸来清除。

（4）描图。描图就是在印制电路板上将需要保留下来的铜箔描涂上防腐蚀层。描图时采用的是稀稠适当的调和漆或各种抗三氯化铁的材料，如虫胶酒精液、松香酒精溶液、醋等，可在无色的描图溶液中加入少量甲基紫，以便于观察和修改。描图先描焊盘再描导线。描焊盘时采用硬导线蘸漆料，描时注意与焊孔同心，大小尽量均匀。而描导线用的漆料要稍稠一些，此时采用直尺或鸭嘴笔等工具，尺子使用时可将板两端垫高，以防将没有干的图形破坏。

（5）修整。描图完成后，检查焊盘和印制导线的描图情况，是否存在断线或沙眼，若存在则用油性笔及时修补和完善，把图形中的毛刺或多余的漆刮掉，同时修补断线。

（6）蚀刻。当描图溶液完全干透之后，把板子完全浸入到盛有浓度为28% ~42% 的三氯化铁水（或比例为2∶1∶2 的双氧水 + 盐酸 + 水）溶液的容器中，并来回轻轻搅动溶液，以蚀刻印制图形。在蚀刻过程中，为了加快腐蚀速度，可用毛笔轻刷板面，或提高蚀刻液的浓度，并用不超过 50℃ 的温度适当加热溶液。待板面上没用的铜箔全部腐蚀掉以后，取出板子并立刻用水冲洗 3min 去除残存的腐蚀溶液。

（7）去漆膜。用热水浸泡后漆膜即可脱落，未除掉的漆膜可先用刀片轻刮，再用香蕉水清除反复擦拭的方法来去除。

（8）修板。再次对比蚀刻好的电路板与原理图，用刻蚀刀修整印制导线的边缘和焊盘，使导线边缘整齐、平滑、无毛刺，焊盘光滑圆润，并用细砂纸清除板上的毛刺，用碎布擦净污物，用水冲洗后晾干。

（9）涂助焊剂。为了便于焊接，保证电路的电气性能，最后需要涂上助焊剂，助焊剂起到保护焊盘不氧化和助焊的作用。即先用碎布沾去污粉后反复在板面上擦拭，去掉铜箔氧化膜，露出铜的光亮本色。在板子晾干后，立刻涂上松香和酒精比例为 1∶2 的松香水。待助焊剂干燥后，就可得到所需要的电路板。

2）贴图蚀刻法

贴图蚀刻法和描图法基本相同，只是它的导电图形是用不干胶带直接在铜箔上贴出来的，其余步骤和描图法相同。贴图蚀刻法比描图法更加方便，而且用不干胶贴出来的图质量更高。

贴图蚀刻法有预制胶带图形贴制法和贴图刀刻法两种方式。预制胶带图形贴制法是将胶带预先裁剪成印制导线的宽度，然后按照设计板图贴到铜箔基板上。在市面上，有不同宽度的贴图胶带售卖，因此贴图十分方便。此外，一些常用的 IC、印制板插头的印制图形也是可以买到的。但需注意的是，粘贴的时候一定要牢固，以防腐蚀溶液渗入导致图形蚀刻错误。

若印制电路板图图形比较简单，则可采用贴图刀刻法，这种方法是先将覆铜板覆铜面贴满电气胶带，接着通过复写纸把草图印到电气胶带一面，然后用刻刀去除拓图后留在铜箔面的图形以外的电气胶带，把电气绝缘部分除去。这种方法适用于保留铜箔面积较大的图形。

3）雕刻法

在贴图蚀刻法中，若不采用蚀刻溶液而是直接雕刻铜箔以印制图形，这种方法就叫做雕刻法。雕刻法在拓图完成之后，印制图形时，使用刻刀、镊子和直钢尺配合，用刀将铜箔划透，用镊子或钳子撕去不需要的铜箔。雕刻法也可用微型砂轮代替刻刀直接在铜箔上磨削出所需图形。

3. 单面印制电路板的制造工艺流程

单面印制电路板的制造工艺流程如图 3.3.14 所示。

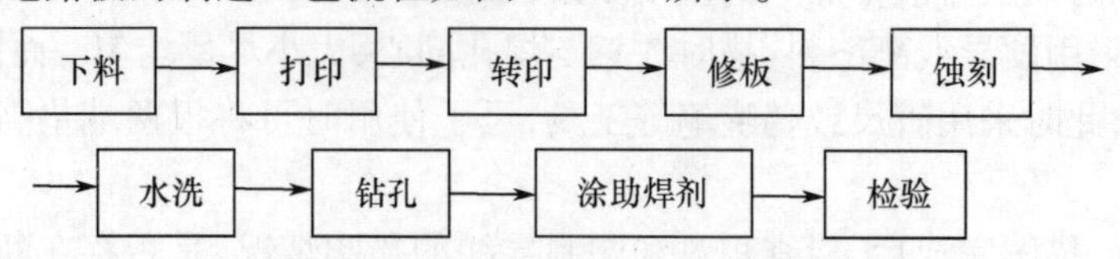

图 3.3.14 单面板的制造工艺流程

打印就是利用可走厚纸的激光打印机，将设计好的印制电路板的镜像图打印到热转印纸亚光面（即光滑面）上。转印的作用是将热转印纸上的图形转移到覆铜板上。转印具体操作方法如下：将打印好的热转印纸覆盖在覆铜板上，送入热转印机来回压几次，使熔化的墨粉完全吸附在覆铜板上，待覆铜板冷却后，揭去热转印纸即可。

单面板工艺简单，制板后一般没有质量问题，但以防万一，焊接前还需要检查：印制导线与焊盘是否清晰、无毛刺，是否有桥接或断路的地方；焊盘孔尺寸是否合适，有无漏打或打偏的情况；板面及板上各加工的尺寸特别是印制板插头部分的尺寸是否准确；板面是否平直无翘曲等。

4. 双面印制电路板的制造工艺流程

双面板与单面板的区别，主要是通过增加孔金属化工艺实现了两面印制电路的电气连接。此外，制作照相底图和图形电镀蚀刻也是双面板制造的关键步骤。相应于不同的孔金属化的工艺方法，对应的双面板的制作工艺也有多种方法。目前常用的方法是采用先蚀刻后电镀的图形电镀蚀刻法和 SMOBC（Solder Mask Over Bare Circuit，裸铜覆阻焊膜）法，这里只介绍图形电镀法。

先腐蚀后电镀的图形电镀法具有较高的优越性，这种方法特别适用于线宽和间距在 0.3mm 以下的高密度印制板的制作中，因此常常用来生产制造高精度和高密度的双面板。目前大部分集成电路的印制板都采用图形电镀法来生产。图形电镀法的工艺流程框图如图 3.3.15 所示。

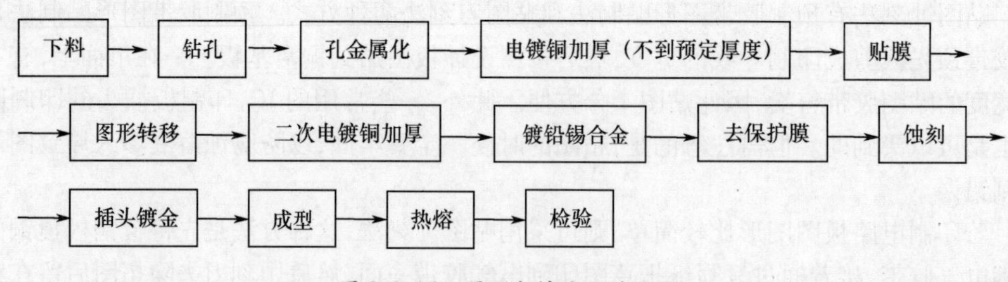

图 3.3.15 图形电镀法工艺流程

1）孔金属化

在两层或多层印制电路板上，为了把内层导电图形引出和互连，需要将印制导线的连接孔进行金属化工艺。孔金属化是印制电路板制造的关键核心技术之一，是连接多层印制电路板印制导线的可靠方法。孔金属化就是在两层或多层电路板上钻出所需的孔，然后对孔壁表面用化学沉铜和电镀的方法进行镀铜，使金属孔和印制导线之间可靠连通的工艺。

在实际生产中孔金属化需要经过的环节有：钻孔→去油→粗化→浸清洗液→孔壁活化→化学沉铜→电镀铜加厚等。孔金属化要求孔壁内的金属均匀、完整，与铜箔连接可靠，电性能和力学性能符合标准。

2）贴感光膜

孔金属化后，要把照相底片或光绘片上的电路图形转印到覆铜板上，为了配合图形转移工序，要在覆铜板上贴一层感光胶膜，即“贴膜”。

3）制取照相底片

在印制电路板设计完成后，需要绘制照相底片，它是制造印制图形的依据。照相底片的制取通常采用负片，它的制取有照相制版法、CAD 光绘法、打印法等多种方法。这里负片则是指不需要保留的图像被抗蚀材料覆盖保护，未被抗蚀剂保护的铜箔被蚀掉，图形电镀后去除抗蚀剂进行蚀刻，即药膜面向上看到的是正字的阴图片。

照相制版法就即对绘制好的黑白底图进行拍照制版，拍照前通过调整照相机的焦距以准确达到印制板的设计尺寸，照相底片用绘制照相底图相反的比例按比例缩小，从而得到设计所规定的生产使用的掩膜板，板面尺寸应与 PCB 一致。照相制版法制取照相底片的过程与普通照相基本一致，包括软件裁剪→曝光→显影→定影→水洗→干燥→修板。为防止曝光紫外线穿透胶片，造成图文冲洗不全的现象，底片的透光部分的密度要小于 0.05，蔽光部分密度大于 3。底片要求反差大、无砂眼、无折痕。

CAD 光绘法是先采用 CAD 软件布线，然后利用布好线的 PCB 图形数据文件来驱动光学绘图机，利用光线直接在底片上绘出照相底图，最后通过暗室操作曝光感光胶片制成底图胶片。用 CAD 光绘法制作底图胶片具有速度快、精度高和质量好等优点。常用的光绘机有向量式光绘机和激光光绘机，其中激光光绘机能绘制出细线条、高密度的底图胶片，因此更适用于现代印制电路板的引线多、间隔小和超大规模集成化的制造。

打印法是指利用 PC 根据布线草图控制打印机打印出照相底片。

4）图形转移

图形转移就是把照相底片上的印制电路图形通过光化学作用转印到覆铜板上，在铜箔表面形成具有耐酸性、抗腐蚀或抗电镀的掩膜图像。抗腐蚀图像用于蚀刻工艺，抗电镀图像用于图形电镀工艺。常用的方法有丝网漏印法、直接感光法和光化学法等。

丝网漏印法简称丝印法，具有操作简单、效率高和成本低的特点，适用于大批量生产单精度要求不高的单面和双面印制电路板的生产，在印制电路板制造中应用得比较广泛。如图 3.3.16 所示，丝印法与油印机在纸上印刷文字相似，就是用丝网漏印的方式将线路图形漏印到印制板有铜箔的一面。丝印法包括贴膜（制膜）、图形转移、去膜等工艺过程，即先在真丝、涤纶丝等丝网上涂敷、粘附一层漆膜或胶膜，贴膜后即得到可用于漏印的电路图形丝网，然后将覆铜板与丝网直接接触，接着通过曝光、显影、去膜等感光化学处理，将印制电路图形转移到丝网上，最后

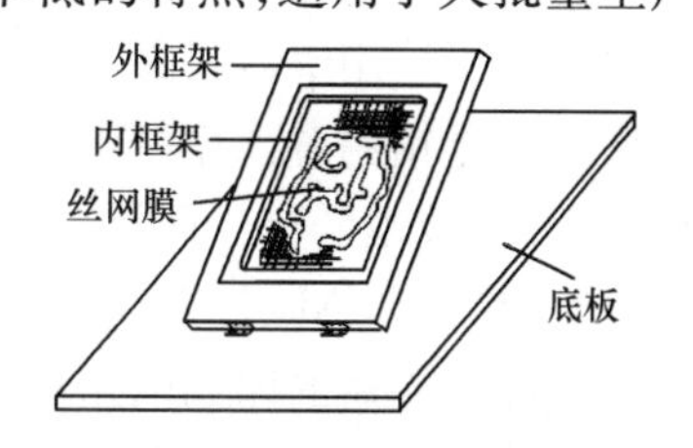

图 3.3.16　丝网漏印

烘干、修板。蚀刻制版的防蚀材料、阻焊图形、字符标记图形等均可通过丝印方法印制。

光化学法通常先在板的有铜箔面,浸渍涂覆一层光敏抗蚀剂,然后把照相底片在上面进行曝光。曝光时,要注意照相底片与覆铜板定位准确。然后通过显影,保留抗蚀剂形成的线路图,洗掉板面上其余的抗蚀剂。接着进行修板,以便修整图形上的粘连、毛刺、断线、沙眼等缺陷。修板时所用的材料必须耐腐蚀。

目前光化学法有液态感光法和感光干膜法两种方法。

液态感光法是采用液态光致抗蚀剂或抗电镀剂,经感光法形成图形。此方法适合制造高密度印制板的图形转移要求,其工艺流程为:基板前处理(酸处理、磨刷)→涂布→干燥→曝光→显影→干燥→蚀刻(电镀)→去膜。

感光干膜法中的干膜主要由干膜抗蚀剂、聚酯膜和聚乙烯膜组成。干膜抗蚀剂是一种耐酸的光聚合体;聚酯膜是厚度为30μm左右的基底膜,起支托干膜抗蚀剂及照相底片的作用;聚乙烯膜是在聚酯膜涂覆干膜蚀剂后覆盖的一层保护层,其厚度为30~40μm。干膜分为溶剂型、全水型、半水型等。感光干膜法的制版工艺流程包括:贴膜前处理(刷洗去氧化膜、油污等)→吹干(烘干)→贴膜→对孔→定位→曝光→显影→晾干→修板→蚀刻(电镀)→去膜。感光胶干膜法具有生产效率高、工艺简单、制版质量高等优点。

目前的图形电镀法生产中,大都采用感光干膜法和丝网漏印法。

经过贴膜、曝光、显影、修板等工艺过程,PCB板底片上的图形就已经转移到覆铜板上了。因此,这一系列过程又称为图形转移。

5)蚀刻

蚀刻也称腐蚀,是利用化学或电化学的方法去除印制电路板上不需要的铜箔,留下所需印制电路图形的过程。常用的蚀刻溶液有三氯化铁、酸性或碱性氯化铜、过硫酸铵、络酸、碱性氯化铜等。其中,三氯化铁价格低,毒性低;碱性氯化铜腐蚀速度比较快,常用于蚀刻高精度、高密度的印制板,蚀刻后铜离子又能再生回收,目前应用最多的图形蚀刻液就是碱性氯化铜。

常用的蚀刻方法有浸入式、泡沫式、泼溅式和喷淋式。蚀刻的工艺流程是:预蚀刻→蚀刻→水洗→浸酸处理→水洗→干燥→去抗蚀膜→热水洗→冷水冲洗→干燥→修板。

6)表面涂覆

印制电路板图形铜箔表面涂覆一层金属的作用是保护铜箔层,提高板子的可焊性、导电性、耐磨性和抗氧化性,延长板子的使用寿命。常用的涂覆材料有金、银和铅锡合金等。常见的金手指(印制插头)的表面就是涂覆了金镀层,以获得尽可能低的接触电阻。正常镀金层的厚度是0.005mm。如果在硬镍底板上镀金,其厚度要薄一些,约为0.0013mm。一般电路不采用银镀层涂覆,而高频电路需要降低表面阻抗时常采用银镀层。目前应用最广泛的是铅锡合金涂覆层,它通常用来改善电路的性能,具有防护性好、抗腐蚀能力强、可焊性高、成本低和长期放置不变色等特点。

7)热熔和热风整平

电镀铅锡后的印制电路板,镀层和铜箔结合不牢固,而且镀层往往还含杂质,此时需要采用热熔的方法消除以上缺陷。热熔就是加热镀覆有铅锡合金的印制电路板到锡铅合金的熔点温度以上,使锡铅和基体金属铜形成化合物,以提高镀层的抗腐蚀性和可焊性。

热风整平又称喷锡,是取代电镀铅锡合金和热熔工艺的一种生产工艺,它是让印制电路板浸入熔融的焊料中，再从两个热风风刀之间通过，风刀中热压缩空气会使铅锡合金熔化，同时将板子表面及金属化孔内的多余焊料吹掉，最终得到一个光亮、平滑、均匀的焊料涂覆层。热风整平工艺包括：上助焊剂→热风整平→清洗、干燥，热风整平工艺中焊料的温度为230～260℃，时间为3～5s。

8）外表面处理

印制电路板的表面处理包括在印制电路板需要焊接的地方涂上助焊剂，不需要焊接的地方印上阻焊层，在需要标注的地方印上图形和字符等工艺过程。涂助焊剂是为了提高板子的可焊性。阻焊剂又称阻焊油墨，它的作用是为了提高板子的绝缘性能，防止电路腐蚀，特别是在高密度铅锡合金板上，通常需要在除焊盘以外的其他部位均涂刷阻焊剂，以保护板子和提高焊接的准确性。阻焊剂一般为深绿或浅绿色，分为热固化和光固化两种类型。

3.3.4 印制电路板的检验

印制电路板制成后必须进行相关的检验，合格后才能进行组装和生产。印制电路板除了进行电路自身的导通性、绝缘性等电路性能检验外，还应进行包括目视检验、孔的连通性检查、电路板的绝缘电阻测试和镀层附着力检测等几个方面的检验。

1. 目视检验

目视检验通常借助直尺、卡尺、放大镜等一些简单工具，用肉眼观察板子表面的缺陷，检验内容和方法都比较简单，常用来检查一些要求不太高的印制电路板。

目视检验时可以用照相底片覆盖在已加工好的印制电路板上，来检查板子表面有无凹痕、麻坑、划伤、针孔，表面是否粗糙等；板子的外形尺寸与厚度是否符合设计要求；导电图形是否完整清晰，有无明显的断路现象；焊孔位置有没有遗漏和打偏，是否在焊盘的中心；板子是否翘曲；焊层是否平整光亮；字符标记是否清晰等。

2. 孔的连通性

对于双面板或者多层板，一定对金属化孔进行孔的连通性测试，测试时可借助万用表来检查。

3. 电路板的绝缘电阻

印制电路板绝缘部件对外加直流电压所呈现出的电阻就是电路板的绝缘电阻。印制电路板的绝缘性能的检查就是检测同一层不同导线之间或不同层导线之间的绝缘电路。检测时，先测量板子上两根或多根紧密排列但不导通的导线之间的绝缘电阻，然后将板子放入相对湿度约为100%、温度在42～48℃的湿热环境中一周，接着将板子放在室温下恢复一个小时后再测量它们之间的绝缘电阻，以确认板子的绝缘性能。

4. 焊盘的可焊性

焊盘的可焊性是用来测量元器件焊接到印制电路板上时焊锡对印制图形的浸润性能，通俗地讲，即焊盘是否好焊。焊盘的可焊性一般用润湿、半润湿和不润湿来表示。

润湿是指焊料在焊盘上可自由流动及扩展，形成黏性连接。半润湿是指焊料能润湿焊盘的表面，后由于润湿不佳而造成焊料回缩的现象。焊盘半润湿会导致在焊盘表面的焊料形成焊料球。不润湿是指焊料只是在焊盘的表面上堆积，而未和焊盘表面形成黏性连接。

5. 镀层附着力

可采用胶带试验法来检查焊盘的镀层附着力是否合格,即把质量好的透明胶带均匀地粘贴到要测试的镀层上,按下去除胶带内的气泡,然后快速扯下胶带,此时镀层若没有脱落的现象,则表明该板的镀层附着力是合格的。

此外,还有抗剥离强度、镀层成分、金属化孔抗拉强度等多项指标,测试时应根据印制板的要求选择合适的检测内容。

第4章　电子产品的装配与调试

4.1　调幅收音机的安装与调试

4.1.1　实习目的

（1）了解调幅收音机电路的工作原理。
（2）通过对调幅收音机的组装，掌握收音机电路的装配工艺。
（3）掌握常用电子元器件的识别及检测方法。
（4）掌握调幅收音机的调试方法及故障检测方法。

4.1.2　调幅收音机工作原理

1. 调幅收音机的技术指标

频率范围：525～1605kHz。
中频频率：465kHz。
灵敏度：≤1.5mV/m，S/N 为 26dB。
选择性：≥20dB，±9kHz。
静态电流：无信号 <20mA。
扬声器：ϕ57mm，8Ω。
输出功率：≥180mW，10% 失真度。
电源：3V（2 节 5 号电池）。

2. 调幅收音机工作原理

典型的超外差式调幅收音机工作原理框图如图 4.1.1 所示，由输入回路、变频电路（包括本振电路和混频电路）、中频放大电路、检波器及 AGC 电路、前置低放电路和功率放大电路几部分组成，其电路原理如图 4.1.2 所示。天线接收到调幅高频信号，调幅信号的振幅按照音频信号的变化而变化，振幅变化的轨迹就是音频信号的波形，也称包络线。收音机将天线收到的电台的高频调幅信号变成一个固定的中频信号（我国规定调幅中频为 465kHz），然后对中频信号进行二级放大，通过检波，再进行前置放大和功率放大，然后驱动扬声器发声。

1）输入回路

输入回路也称调谐回路或选择回路。输入回路的作用是接收来自空中的无线电波，从所有这些信号中选出所需的电台信号。输入回路的要求：效率高、选择性适当，波段覆盖系数适当，在波段覆盖范围内电压传输系数均匀。

图 4.1.2 采用单谐振电路式输入回路，这也是晶体管收音机中用得较多的一种输入回路。输入回路采用磁性天线线圈 B_1 和可变电容器 C_1 构成。磁性天线，是把一般带铁

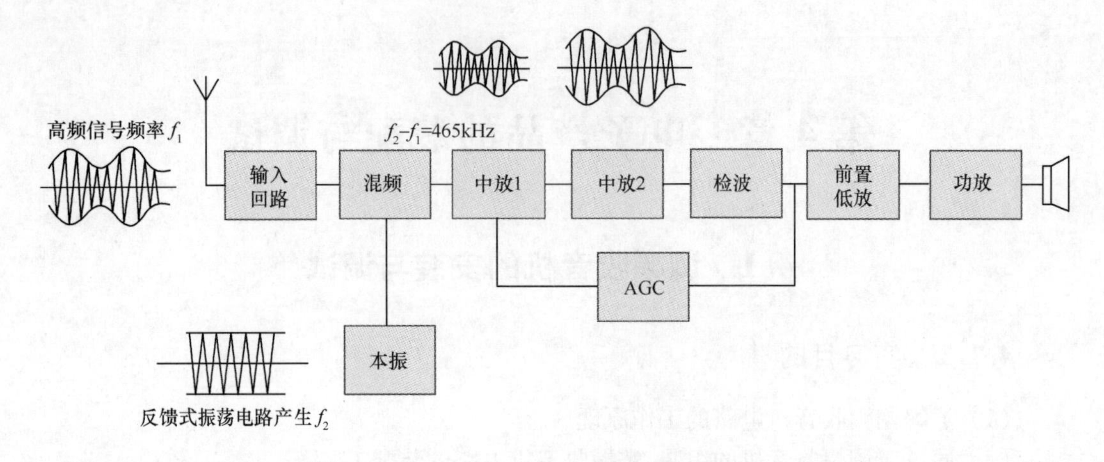

图 4.1.1　调幅收音机工作原理框图

氧体芯的线圈的铁氧体芯加长加粗，使它能敏感地感受无线电波，并把它变成高频电信号。当调幅信号感应到 B_1 及 C_1 组成的天线调谐回路，选出所需的电信号 f_1 进入 VT_1 (9018H)三极管的基极。

2）变频电路

从输入回路出来的是一个高频调幅信号，高频调幅信号只起运载音频信号的作用，所以称为“载波”。变频电路的作用是把输入回路选出来的高频信号转变成一个固定的465kHz 的中频信号，然后把载有 465kHz 的中频信号耦合到中频放大电路。变频电路包括两部分电路，即本机振荡电路和混频电路。本机振荡电路由红中周(B_2)产生，产生高出输入信号频率f_1 一个中频(465kHz)的频率f_2($f_2=f_1+465\text{kHz}$)进入三极管 VT_1 的发射极，和输入信号在混频级(三极管 VT_1)形成差频 465kHz 的中频信号，并经过 B_2 耦合到中频变压器 B_3(黄中周)加到中放级(三极管 VT_2)的基极，因为输入回路和本机振荡电路的 C_{1A} 和 C_{1B} 是一个双联可调电容，无论是接收哪个频率的电台信号经混频级后产生的差频信号总是高于输入信号 465kHz。

3）中频放大电路

中频放大电路是保证整机灵敏度、选择性和通频带的主要环节，对收音机来说是很关键的部件。中频放大电路的作用是放大经过变频后的 465kHz 中频信号，然后将放大的中频信号送给检波器。

由中频变压器 B_3 选出的 465kHz 中频信号经 VT_2(9018H)和 VT_3(9018H)二级中频放大电路进行放大，放大后信号送给 VT_4 检波管。

4）检波器及 AGC 电路

调幅收音机中检波器的作用是“检出”调制在高频载波上的音频调制信号，也叫幅度解调器。检波器的种类很多，分类方法也很多，不过在现代调幅收音机中都无例外地采用半导体二极管大信号检波器。图 4.1.2 中由 VT_4(9018H)三极管 PN 结用作检波。

AGC 自动增益控制电路是使放大电路的增益自动地随信号强度而调整的自动控制方法，即对音频信号进行实时控制，以保证远近电台均获得相同的增益值。图 4.1.2 中由 C_4、R_8、C_7 构成闭环 AGC 电路。

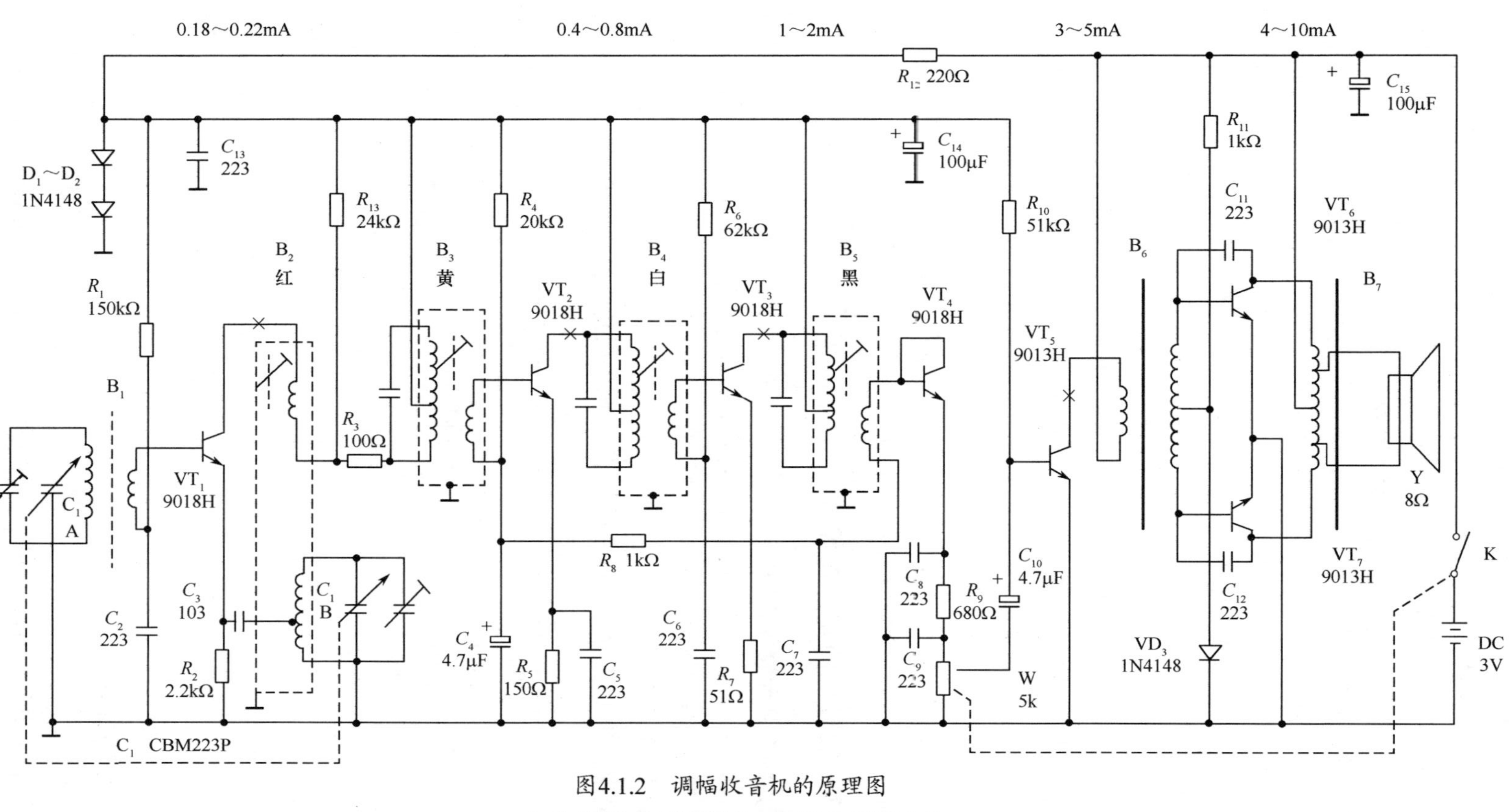

图4.1.2　调幅收音机的原理图

“×”为集电极电流测试点，电流参考值见图上方

5）前置低放电路

调幅收音机中检波器输出的音频信号一般只有零点几伏，且电流很小，故只能用高阻耳机收听，若要推动扬声器发出声音，还必须增设前置低放电路。图 4. 1. 2 中由 VT_5（9013H）对检波器检波后的音频信号进行放大。

6）功率放大电路

低频信号经过前置放大后已经达到了 1 至几伏的电压，但是它带负载的能力还很差，不能直接推动扬声器发声，还需要进行功率放大。功率放大电路不仅要输出较大的电压，而且还需输出较大的电流。图 4. 1. 2 中由 VT_6（9013H）、VT_7（9013H）组成推挽式功率放大电路，这种电路阻抗匹配性能好，对推挽管的一些参数要求也较低，而且在较低的工作电压下可以输出较大的功率。

图 4. 1. 2 中 VD_1、VD_2（1N4148）组成 1. 3V ±0. 1V 稳压，固定变频电路、一中放电路、二中放电路、前置低放的基极电压，稳定各级的工作电流，以保持灵敏度。R_1、R_4、R_6、R_{10} 分别为 VT_1、VT_2、VT_3、VT_5 的工作点调整电阻，R_{11} 为 VT_6、VT_7 功率放大电路的工作点调整电阻，R_8 为中频放大电路的 AGC 电阻，B_3、B_4、B_5 为中周（内置谐振电容），既是放大器的交流负载又是中频选频器，该机的灵敏度、选择性等指标靠中频放大器保证。B_6、B_7 为音频放大器，起交流负载及阻抗匹配的作用。

4. 1. 3 收音机的安装与焊接

1. 清点材料及元器件识别

按照 HX108 - 2 收音机的元件清单对元器件进行一一清点，记清每个元件的名称、外形及极性，清点完毕后将元器件放好，以免丢失。

1）电阻（13 只）

根据电阻色环的颜色读出电阻的阻值，其阻值及色环颜色如表 4. 1. 1 所列。

表 4. 1. 1 电阻阻值及色环颜色

名称	阻值	色环颜色	名称	阻值	色环颜色
R_1	150kΩ	棕绿黄金	R_8	1kΩ	棕黑红金
R_2	2. 2kΩ	红红红金	R_9	680Ω	蓝灰棕金
R_3	100Ω	棕黑棕金	R_{10}	51kΩ	绿棕橙金
R_4	20kΩ	红黑橙金	R_{11}	1kΩ	棕黑红金
R_5	150Ω	棕绿棕金	R_{12}	220Ω	红红棕金
R_6	62kΩ	蓝红橙金	R_{13}	24kΩ	红黄橙金
R_7	51Ω	绿棕黑金			

2）电位器（1 只）

电位器（5kΩ）1 只，如图 4. 1. 3 所示。轻轻拧动电位器上方旋钮，即可以调节 1 与 2 或 2 与 3 之间的阻值。

3）二极管（3 个）

二极管的实物及电路符号如图 4. 1. 4 所示。二极管上面除了有型号 1N4148 标识外，还需注意极性，如图 4. 1. 4 所示，一端有银色标志的为负极，另一端为正极。

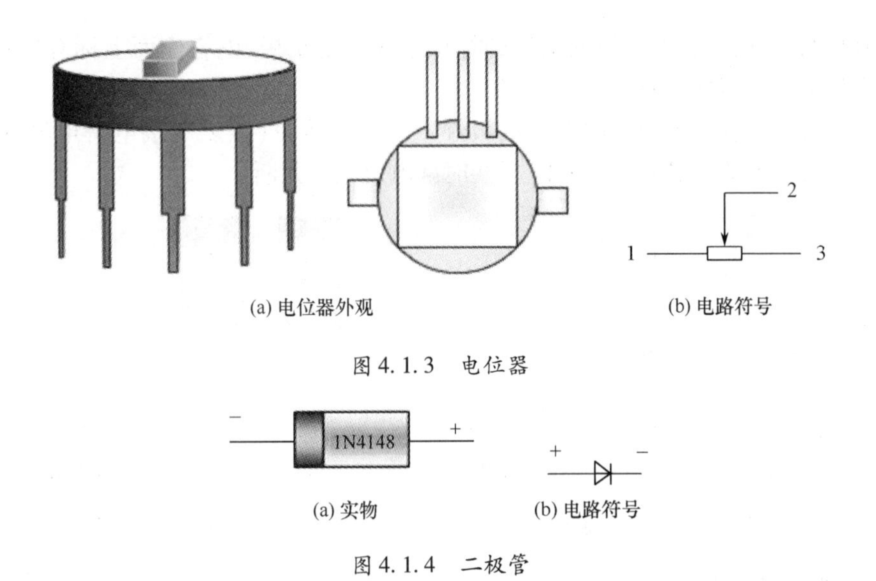

图 4.1.3　电位器

图 4.1.4　二极管

可以用万用表来区分二极管的极性,如图 4.1.5 所示。当用万用表 $R\times1\mathrm{k}\Omega$ 电阻挡测二极管时,指针满偏时,红色表笔连接的管脚是二极管的负极,黑色表笔连接的管脚是二极管的正极;当用万用表 $R\times1\mathrm{k}\Omega$ 电阻挡测二极管,阻值很小时,红色表笔连接的管脚是二极管的正极,黑色表笔连接的管脚是二极管的负极。

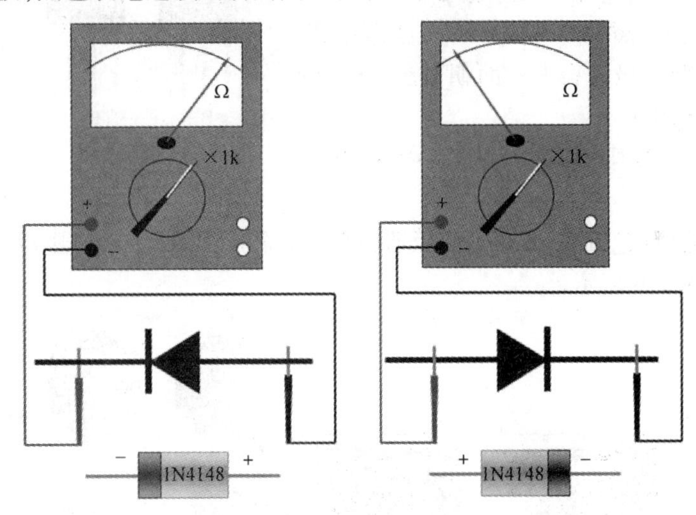

图 4.1.5　用万用表区分二极管的极性

4) 瓷片电容(10 个)、电解电容(4 个)

瓷片电容共 10 个,其中 223P(0.022μF)有 9 个,103P(0.01μF)(C_3)有 1 个。电解电容共 4 个,其中 4.7μF(C_4、C_{10})有两个,100μF(C_{14}、C_{15})有两个。

瓷片电容的实物及电路符号如图 4.1.6 所示。瓷片电容不分正负极,瓷片电容上直接标有数字,即表示电容值,如标 223 表示电容值 $=22\times10^3\mathrm{pF}=0.022\mu\mathrm{F}$。

电解电容的实物及电路符号如图 4.1.7 所示。电解电容的电容值直接标在电容上,直接读出即可。电解电容有正负极之分,可以根据管脚长短来区分正负极,管脚长的为正极，管脚短的为负极。还可以根据电容的标识来区分正负极，电容侧面上标有“－”对应的管脚为负极，另一管脚为正极。

还可以用万用表来区分电解电容的极性。根据正接时（黑表笔接电解电容的正极，红表笔接电解电容的负极）漏电流小、反接时漏电流大来判断。

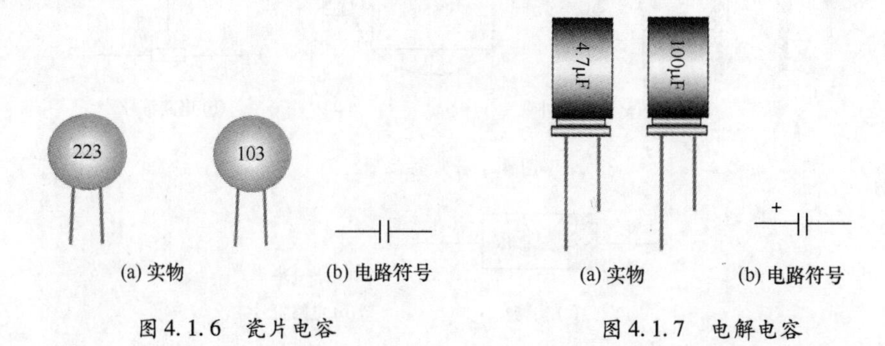

图 4.1.6　瓷片电容　　　　图 4.1.7　电解电容

5）三极管（7 个）

三极管共 7 个，其中 9018H（VT_1、VT_2、VT_3、VT_4）有 4 个，9013H（VT_5、VT_6、VT_7）有 3 个。三极管的实物及电路符号如图 4.1.8 所示。三极管的型号直接标在三极管上方，直接读出即可，三极管型号不一样，电流放大倍数则不同，其中，9018H 的电流放大倍数 $\beta = 97 \sim 146$，9013H 的电流放大倍数 $\beta = 144 \sim 202$。注意：三极管有极性区分，将三极管扁平一面朝自己，从左到右管脚依次为 E、B、C。

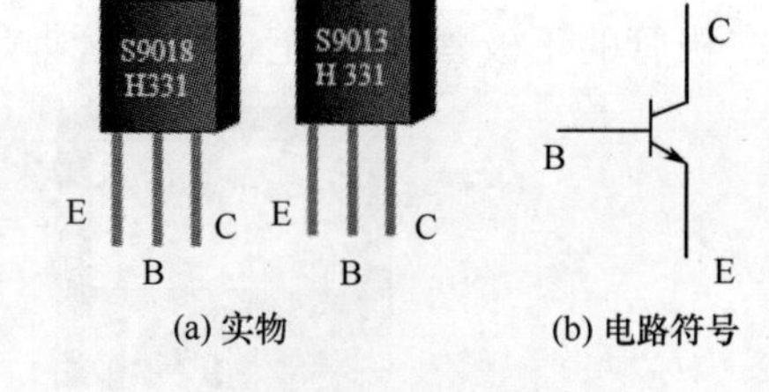

图 4.1.8　三极管

6）输入、输出变压器（各 1 个）及中周（中频变压器 4 个）

输入变压器（绿色，1 个），输出变压器（红色，1 个），中周（中频变压器，红、黄、白、黑，各 1 个），如图 4.1.9 所示。

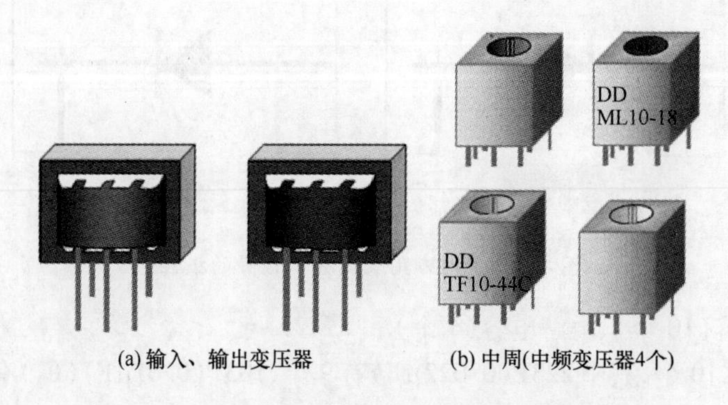

图 4.1.9　输入、输出变压器及中周（中频变压器）

7）双联电容（CBM223P，1 个），连接线（4 根）

双联电容（CBM223P，1 个）如图 4.1.10 所示，连接线（4 根）如图 4.1.11 所示。

8）电位盘（1 个）、调谐盘（1 个）、周率板（1 块）

电位盘、调谐盘、周率板分别如图 4.1.12 至图 4.1.14 所示。

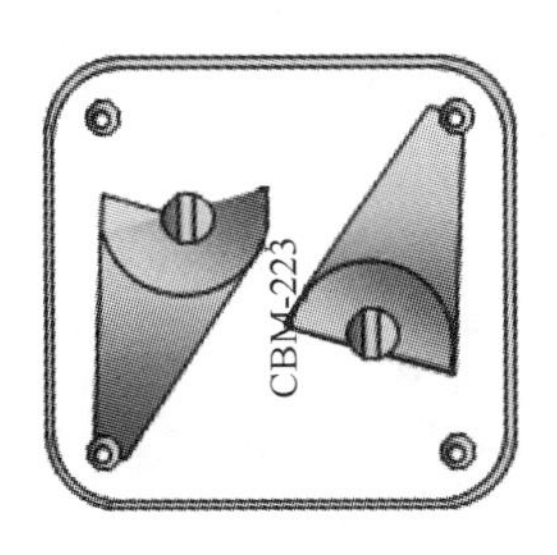

图 4.1.10 双联电容(CBM223P)

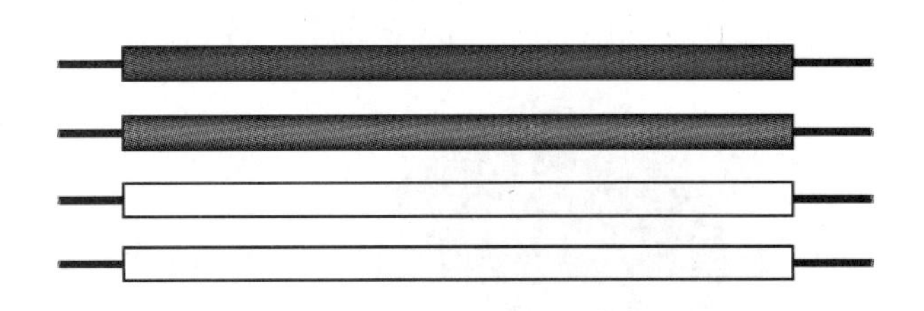

图 4.1.11 连接线(4 根)

图 4.1.12 电位盘

图 4.1.13 调谐盘

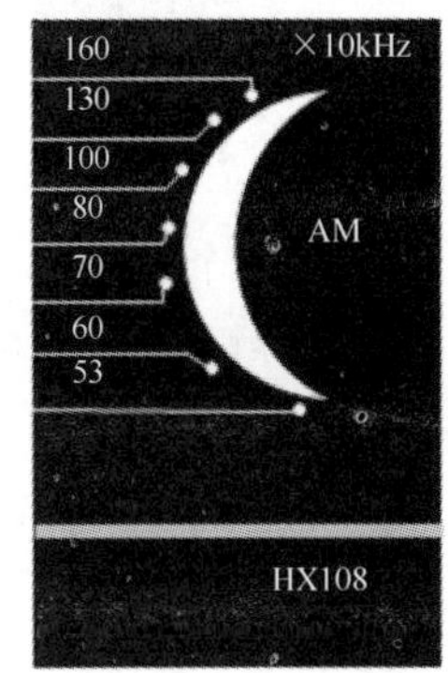

图 4.1.14 周率板

9）线路板(1 块)、电池正极片(2 个)、电池负极弹簧(2 个)

线路板、电池正极片、负极弹簧分别如图 4.1.15、图 4.1.16 所示。

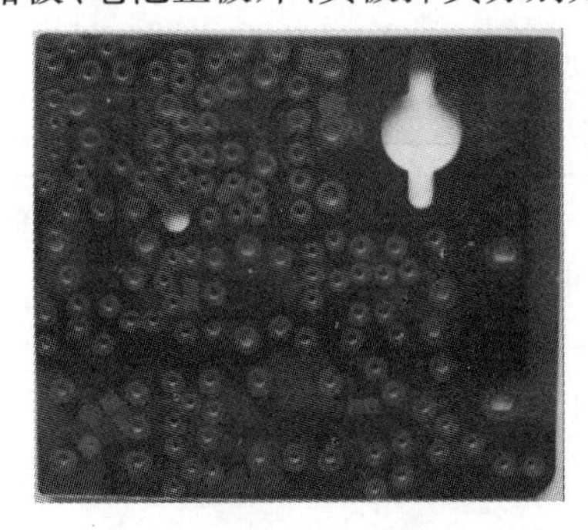

图 4.1.15 线路板

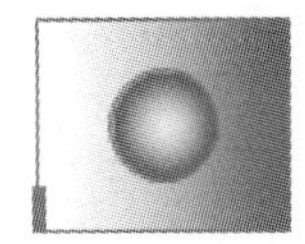

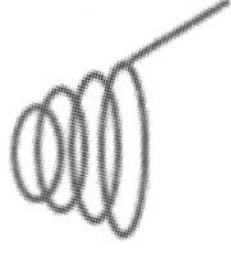

图 4.1.16 电池正极片、负极弹簧

10）磁棒和线圈(1 套)、磁棒支架(1 个)

磁棒和线圈,磁棒支架分别如图 4.1.17、图 4.1.18 所示。

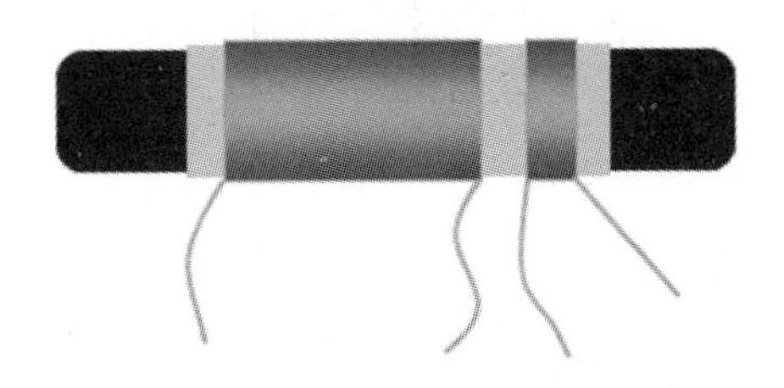

图 4.1.17 磁棒和线圈

图 4.1.18 磁棒支架

11）喇叭(1只)、拎带(1根)

喇叭、拎带分别如图4.1.19、图4.1.20所示。

图4.1.19 喇叭　　　　图4.1.20 拎带

12）前框(1个)、后盖(1个)

13）双联螺钉(2个)、电位器螺钉(1个)、调谐盘螺钉(1个)、机芯自攻螺钉(1个)

双联螺钉、电位器螺钉、调谐盘螺钉、机芯自攻螺钉如图4.1.21所示。

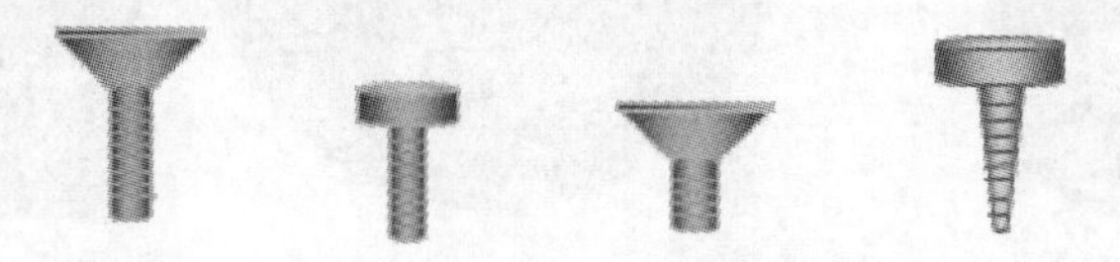

(a) 双联螺钉　(b) 电位器螺钉　(c) 调谐盘螺钉　(d) 机芯自攻螺钉

图4.1.21 螺钉

2. 元器件参数的检测

用万用表初步检测元器件的好坏，具体测量如表4.1.2所列。

表4.1.2 元器件参数的检测

元器件	测量内容	万用表量程
电容 C	电容绝缘电阻	$R\times10\text{k}$
三极管 h_{fe}	晶体管放大倍数:9018H($\beta=97\sim146$),9013H($\beta=144\sim202$)	h_{fe}
二极管	正、反向电阻	$R\times1\text{k}$
中周	红 4Ω 0.3Ω 0.4Ω；黄 2Ω 4Ω 0.3Ω；白 1.8Ω 3.8Ω 0.4Ω；黑 2Ω 4.5Ω 1Ω 初、次级为无穷大	$R\times1$
输入变压器(蓝色)	90Ω 90Ω 220Ω	$R\times1$

（续）

元器件	测量内容	万用表量程
输出变压器（红色）	90Ω 90Ω 0.4Ω 1Ω 0.4Ω 自耦变压器无初、次级	$R\times1$

3. 元器件的弯制与插放

1）元器件的弯制

将所有元器件引脚上的漆膜、氧化膜清除干净，然后进行搪锡（如元件引脚未氧化则省去此项），根据图 4.1.22 的要求，将电阻、二极管弯脚。

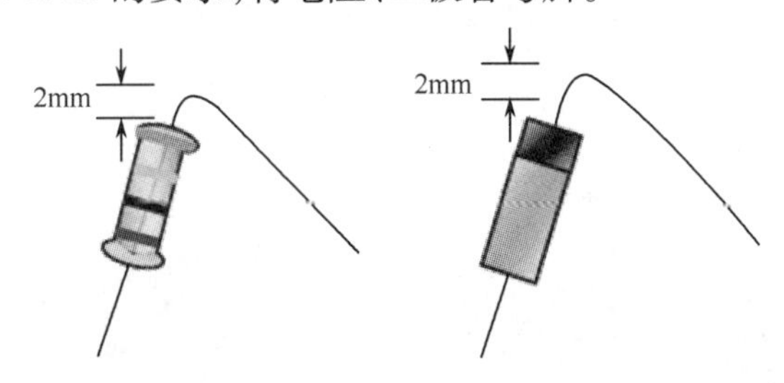

图 4.1.22 电阻、二极管的弯制

2）元器件的插放

HX108－2 收音机由于线路板空间的限制，元器件均采用“立式插法”。将弯制成型的元器件对照装配图插放到线路板上的对应位置。

注意：一定不能插错位置；电解电容、二极管注意正负极性；三极管的管脚不能插错。

4. 元器件的焊接与安装

按照 HX108－2 的装配图进行元器件的焊接与安装，其装配图如图 4.1.23 所示。收音机元器件的焊接与安装要求由小到大，先安装矮小元件，后安装高大元件。线路板正面元件的安装如图 4.1.24 所示。

元器件的焊接与安装步骤如下。

（1）电阻（13 个）、二极管（1N4148，3 个）。

（2）瓷片电容（223P，9 个；103P，1 个）。

（3）晶体三极管（9018H，4 个；9013H，3 个）。

（4）电解电容（4.7μF，2 个；100μF，2 个）。

（5）中周，输入输出变压器（中周（红、黄、白、黑，各 1 个），输入变压器（绿色，1 个），输出变压器（红色，1 个））。

注意：输入变压器（绿色）、输出变压器（红色）不能调换位置；中周焊接之前用万用表检测其好坏；中周均需根据不同颜色安装到对应位置；中周外壳均应用锡焊牢，特别是 B_3（黄中周）外壳一定要焊牢。B_2（红中周）外壳应弯脚焊牢，否则会卡调谐盘。

（6）电位器。将电位盘装在电位器上，用电位器螺钉固定，然后进行焊接。

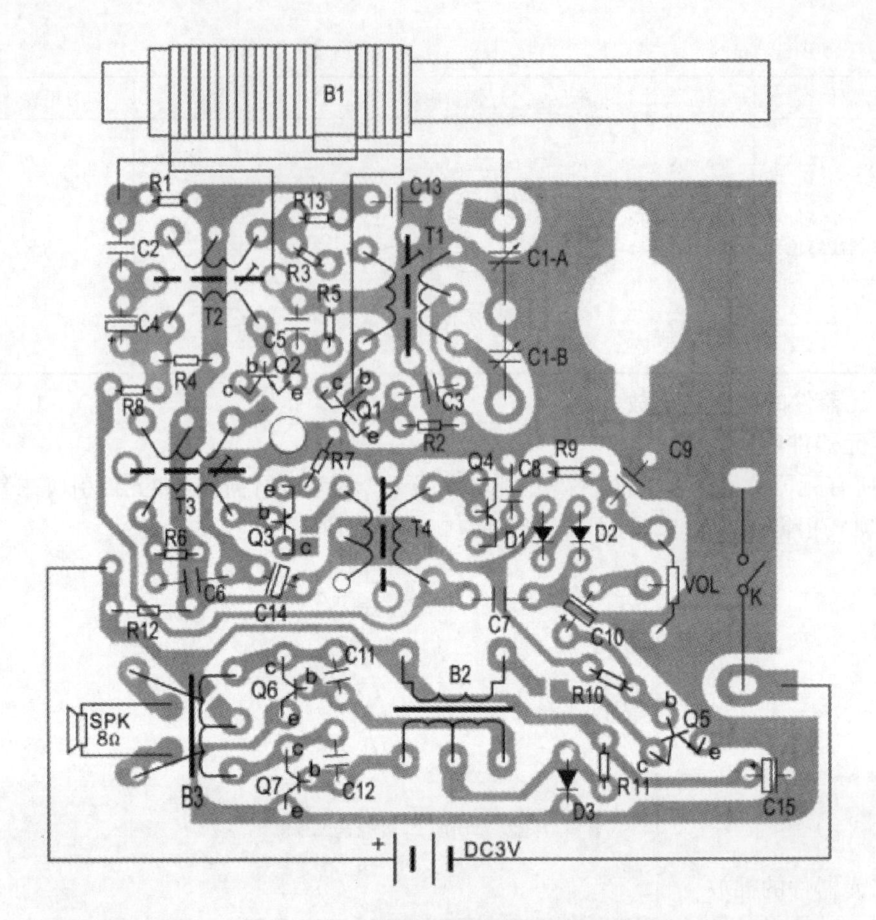

图 4.1.23　HX108－2 收音机的装配图

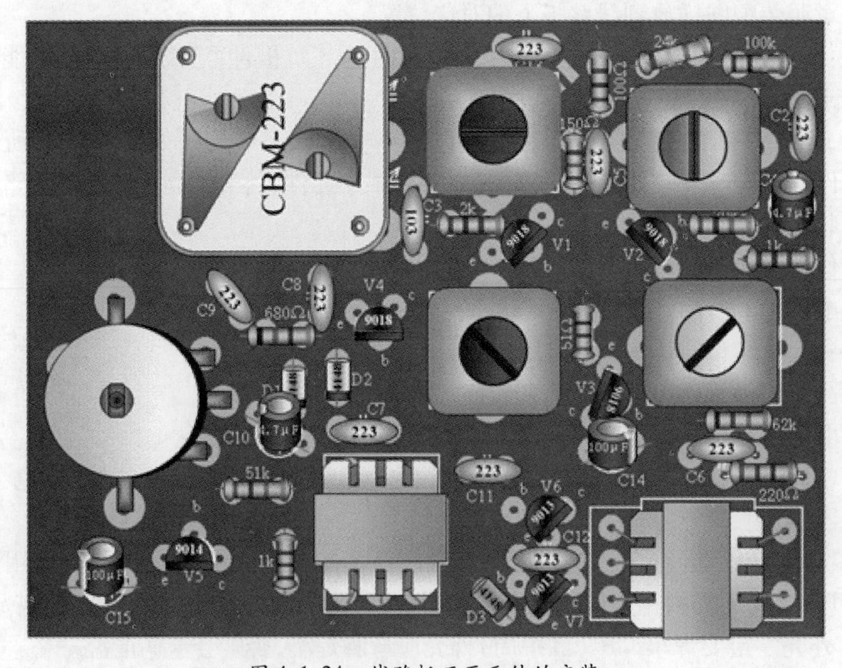

图 4.1.24　线路板正面元件的安装

(7) 双联电容。先安装双联电容反面的螺钉,再焊接。

(8) 天线线圈。先安装,后焊接,安装及焊接分别如图 4.1.25 和图 4.1.26 所示。

(9) 调谐盘。如图 4.1.27 所示进行安装。

(10) 电池夹引线。如图 4.1.28 和图 4.1.30 所示进行安装并焊接。

(11) 喇叭引线。如图 4.1.29 和图 4.1.30 所示进行安装并焊接。

注意事项:

(1) 二极管、电解电容、三极管的极性不能搞错。

(2) 每次焊接完一部分元件,均应检查一遍焊接质量,看是否有错焊、漏焊,发现问题及时纠正,这样可保证焊接收音机的一次成功而进入下道工序。

5. 安装大件

(1) 将双联 CBM-223P 安装在印制电路板正面。

(2) 安装天线线圈。

① 将磁棒按照图 4.1.25 所示套入天线线圈及磁棒支架内,组成天线组合件。

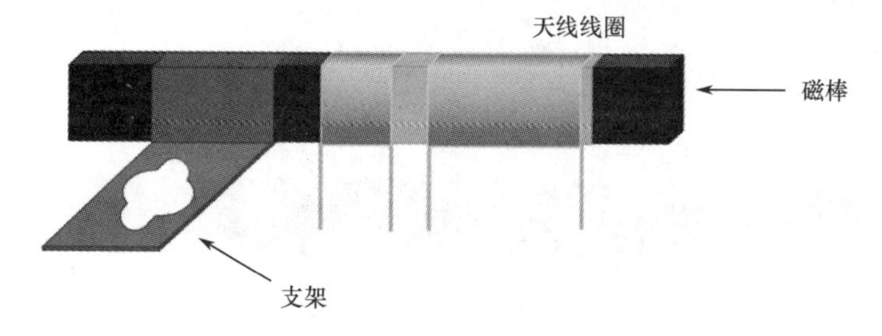

图 4.1.25　磁棒、天线线圈及磁棒支架的安装

② 将天线组合件上的磁棒支架按照图 4.1.26 所示安装在印制电路板反面的双联电容上,然后用两只 M2.5×5 的双联螺钉固定,并将双联引脚超出电路板部分,弯脚后焊牢,并剪去多余部分。

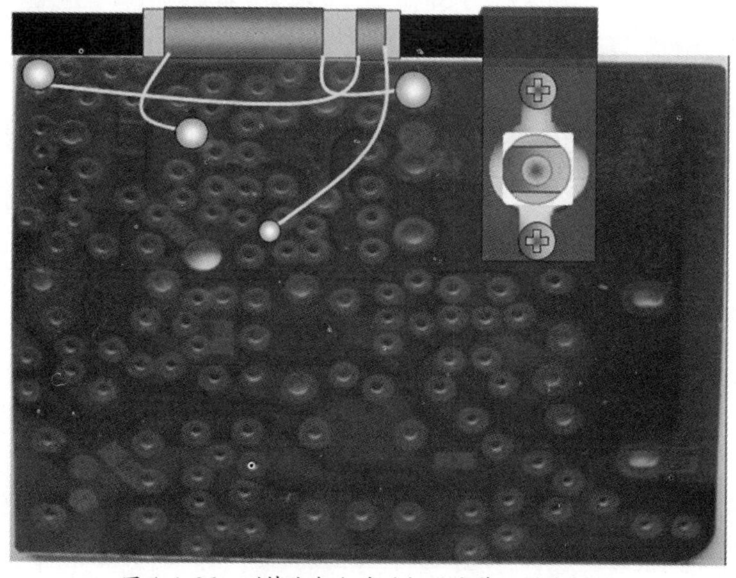

图 4.1.26　磁棒支架与线路板的安装及引线焊接

③ 天线线圈与线路板的焊接如图 4.1.26 所示，天线线圈初级的两根引线（左引线焊接于双联中点地；右引线焊接于双联 C1 – A 端），天线线圈次级的两根引线（左引线焊接于 R_1、C_2 的公共点；右引线焊接于 VT_1 三极管的基极（B））。

（3）安装调谐盘。

将调谐盘按照图 4.1.27 所示装在双联轴上，用 M2.5 ×4 调谐盘螺钉固定。注意调谐盘指示方向。

图 4.1.27　调谐盘的安装

（4）安装电池正极片、负极弹簧和电池夹引线。

将电池正极片、负极弹簧安装在塑壳上，如图 4.1.28 所示，并将红线、黑线进行焊接，然后按照图 4.1.30 所示将正极（红）、负极（黑）电源分别焊在线路板的指定位置。

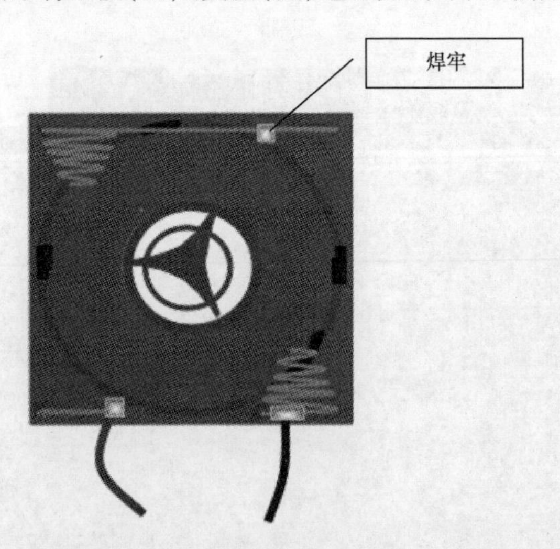

图 4.1.28　电池正极片、负极弹簧的安装及引线焊接

（5）喇叭安装及引线焊接。

按照图 4.1.29 所示进行喇叭安装。将 YD57 喇叭安装于前框，用一字小螺钉批靠带

钩固定脚左侧，利用突出的喇叭定位圆弧的内侧为支点，将其导入带钩压脚，再用烙热铆3只固定脚。按照图4.1.30所示将两根白色喇叭引线焊接在线路板上。

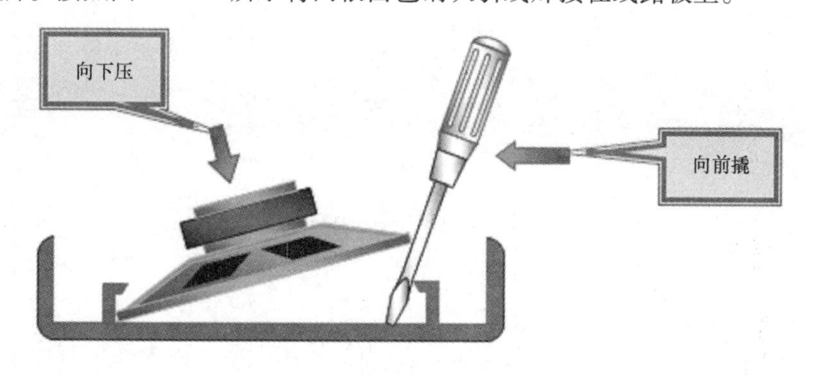

图4.1.29 喇叭的安装

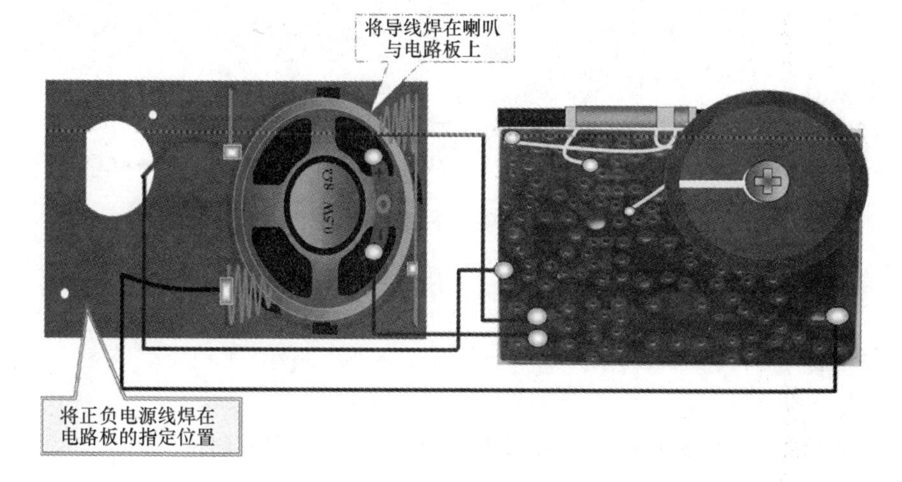

图4.1.30 喇叭引线的焊接和电源线的焊接

6. 开口检查与试听

收音机焊接装配完成后，需检查元件有无装错位置，焊点是否脱焊、虚焊、漏焊，所焊元件有无短路或损坏，发现问题要及时修理、更正。

焊接装配完成后，装上电池，打开收音机。用万用表测量图4.1.31中5对测试点的电流值，并将测量数据填入表4.1.3中，若测量的5对测试点电流值都在允许范围内，则可将5对测试点进行短路连接，然后即可进行收台试听。若某些测试点的电流值不在允许范围内，则需进行故障排除。

表4.1.3 5对测试点的电流测量值

电流	范围/mA	测量值
I_{C1}	0.18～0.22	
I_{C2}	0.4～0.8	
I_{C3}	1～2	
I_{C5}	3～5	
$I_{C6、7}$	4～10	

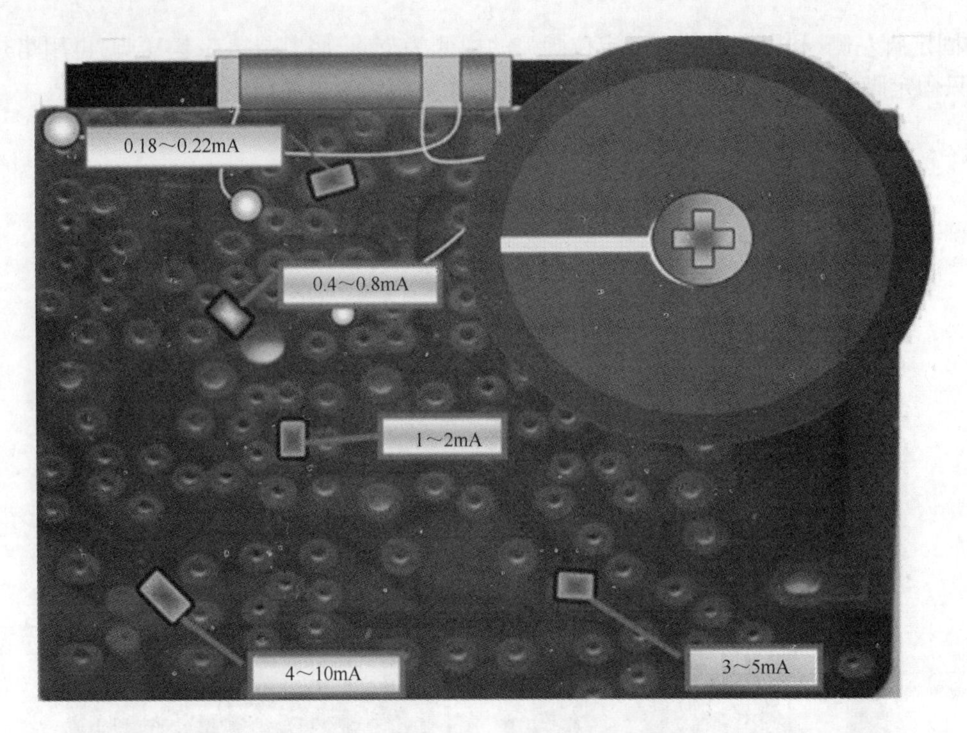

图 4. 1. 31　测量 5 个测试点的电流值

7. 前框准备

(1) 将周率板反面双面胶保护纸去掉，然后贴于前框。注意要贴装到位，并撕去周率板正面保护膜。

(2) 拎带套在前框内。

(3) 将组装完毕的机芯按图 4. 1. 32 所示装入前框，一定要到位。

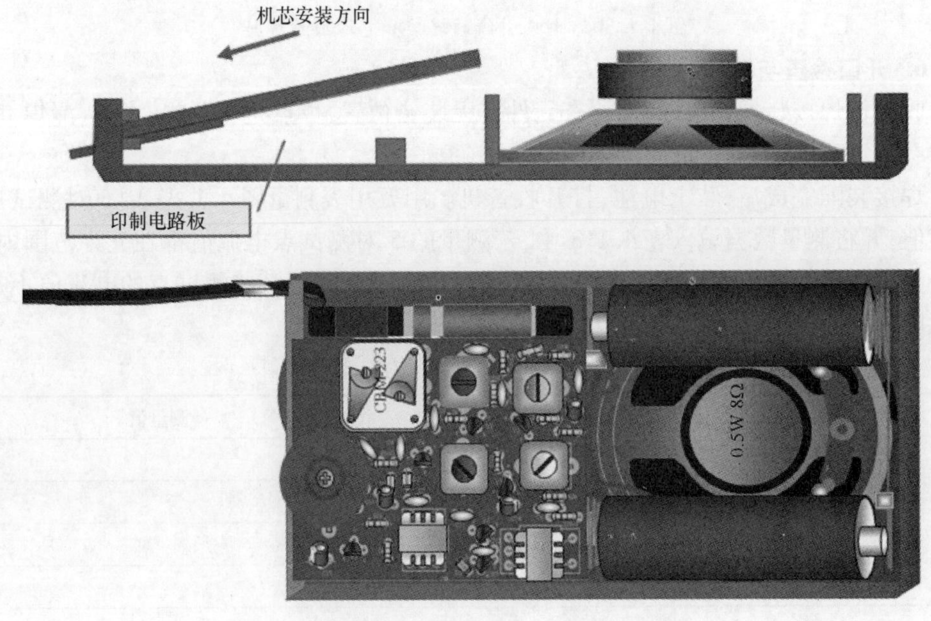

图 4. 1. 32　电路板的安装

4.1.4　收音机的调试

当没有仪器时，收音机的调试方法如下。

1. 调整中频频率

本套件所提供的中频变压器（中周），出厂时都已调整在465kHz（一般调整范围在半圈左右），因此调整工作较简单。

（1）低端电台。打开收音机，随便在低端找一个电台，用无感螺丝刀（可用塑料、竹条或者不锈钢制成）先调节B_5（黑中周），直至声音最响为止，然后按照顺序依次调节B_4（白中周）、B_3（黄中周），直至声音最响为止。

（2）较弱电台。由于自动增益控制作用，人耳对音响变化不易分辨的缘故，收听本地电台当声音已调节到很响时，往往不易调精确，这时可以改收较弱的外地电台或者转动磁性天线方向以减小输入信号，再依次调节B_5（黑中周）、B_4（白中周）、B_3（黄中周），分别调至声音最响为止。

（3）按照上述步骤（1）、（2）从前向后反复细调2～3遍至最佳即可。

2. 调整频率范围（对刻度）

（1）调低端。在550～700kHz范围内选一电台，如中央人民广播电台640kHz，将调谐盘指针旋到640kHz的位置，调整振荡线圈B_2（红中周），调至声音最响为止。这样当双联全部旋进容量最大时的接收频率在525～530kHz附近，低端刻度就对准了。

（2）调高端。在1400～1600kHz范围内选一个已知频率的广播电台，如1500kHz，将调谐盘指针旋到1500kHz的位置，调节双联电容顶部左上角的微调电容（图4.1.33中的C1－B），调至声音最响为止。这样，当双联全部旋出容量最小时的接收频率在1620～1640kHz附近，高端刻度就对准了。

（3）按照上述步骤（1）、（2）从前向后反复调2～3遍，频率刻度才能调准。

3. 统调

（1）低端统调。利用最低端收到的电台，调整天线线圈在磁棒上的位置，调至声音最响为止，以达到低端统调。

（2）高端统调。利用最高端收到的电台，调节天线输入回路中的微调电容（双联电容的右下角电容，图4.1.33中的C1－A），调至声音最响为止，以达到高端统调。

为了检查是否统调好，可以采用电感量测试棒（铜铁棒）来加以鉴别。

4. 测试方法

测试时需制作一个铜铁棒（图4.1.34），将收音机调到低端电台位置，用测试棒铜端

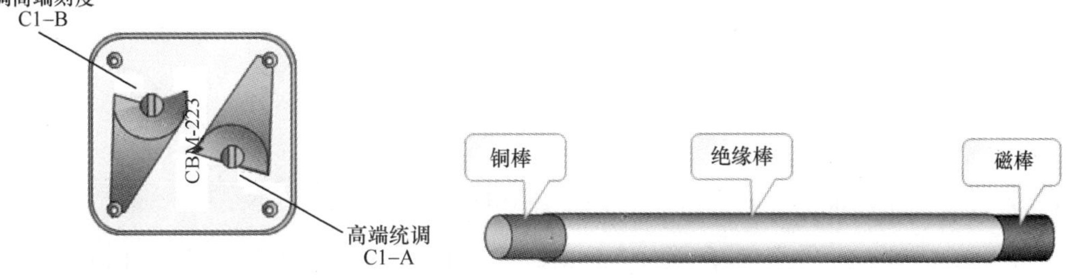

图4.1.33　双联电容　　图4.1.34　铜铁棒

靠近天线线圈(B_1),如声音变大,则说明天线线圈电感量偏大,应将线圈向磁棒外侧稍移;用测试棒磁铁端靠近天线线圈(B_1),如声音变大,则说明天线线圈电感量偏小,应增加电感量,即将线圈向磁棒中心稍加移动;用铜铁棒两端分别靠近天线线圈(B_1),如果收音机声音均变小,说明电感量正好,则电路已获得统调。

4.1.5 收音机组装易出现的问题

1. 变频部分

判断变频级是否起振,用 MF47 型万用表的直流 2.5V 挡,红表笔接三极管 VT_1 的发射级,黑表笔接地,然后用手摸红色振荡红圈 B_2,万用表指针应向左摆动,说明电路工作正常;否则说明电路中有故障。变频级工作电流不宜太大,否则噪声大。红色振荡红圈外壳两脚均应折弯焊牢,以防调谐盘卡盘。

2. 中频部分

中频变压器(B_3、B_4)序号位置搞错,结果使灵敏度和选择性降低,有时有自激。

3. 低频部分

输入、输出变压器(B_6、B_7)位置搞错,虽然工作电流正常,但音量很低,三极管 VT_6、VT_7 的集电极(C)和发射极(E)搞错,工作电流调不上,音量极低。

4.1.6 收音机的检测修理方法

1. 检测前提

安装正确。元器件无缺焊、无错焊,连接无误,印制电路板焊点无虚焊、漏焊等。

2. 检测要领

检测按步骤进行,一般由后级向前级检测,先检查功放级、前置低放级,再检查中放级和变频级。

3. 检测修理方法

(1) 整机静态总电流测量。本机静态总电流不大于 25mA,无信号时,若大于 25mA,则该机出现短路或局部短路,无电流则电源没接上。

(2) 工作电压测量(总电压 3V)。正常情况下,VD_1、VD_2 两二极管电压在 1.3V ±0.1V 内,此电压大于 1.4V 或小于 1.2V 时,此机均不能正常工作。大于 1.4V 时二极管 1N4148 可能极性接反或已坏,检查二极管。小于 1.3V 或无电压应检查以下几项。

①电源 3V 有无接上。

② 电阻 R_{12}(220Ω)是否接对或接好。

③ 中周(特别是白中周和黄中周)初级与其外壳短路。

(3) 变频级(三极管 VT_1)无工作电流,应检查以下几项。

① 天线线圈次级未接好。

② VT_1(9018H)三极管已坏或未按要求接好。

③ 本振线圈 B_2(红中周)次级不通,电阻 R_3(100Ω)虚焊或错焊接了大阻值电阻。

④ 电阻 R_1(150kΩ)和电阻 R_2(2.2kΩ)接错或虚焊。

(4) 一中放(三极管 VT_2)无工作电流,应检查以下几项。

① VT_2(9018H)三极管坏,或 VT_2 三极管管脚插错。

② 电阻 R_4(20kΩ)未接好。

③ B_3(黄中周)次级开路。

④ 电解电容 C_4(4.7μF)短路。

⑤ 电阻 R_5(150Ω)开路或虚焊。

(5) 一中放(三极管 VT_2)工作电流为 1.5~2mA(标准是 0.4~0.8mA),应检查以下几项。

① 电阻 R_8(1kΩ)未接好或连接 1kΩ 的铜箔有断裂现象。

② 电容 C_5(223P)短路或电阻 R_5(150Ω)错接成 51Ω。

③ 电位器坏,测量不出阻值,电阻 R_9(680Ω)未接好。

④ 检波管 VT_4(9018H)坏,或管脚插错。

(6) 二中放(三极管 VT_3)无工作电流,应检查以下几项。

① B_5(黑中周)初级开路。

② B_3(黄中周)次级开路。

③ 三极管 VT_3(9018H)坏或管脚接错。

④ 电阻 R_7(51Ω)未接上。

⑤ 电阻 R_6(62kΩ)未接上。

(7) 二中放(三极管 VT_3)电流太大(大于 2mA),应检查以下一项。

电阻 R_6(62kΩ)接错,阻值远小于 62kΩ。

(8) 前置低放级(三极管 VT_5)无工作电流,应检查以下几项。

① 输入变压器(绿色)初级开路。

② 三极管 VT_5(9013H)坏或管脚接错。

③ 电阻 R_{10}(51kΩ)未接好。

(9) 前置低放级(三极管 VT_5)电流太大(大于 6mA),应检查以下一项。

电阻 R_{10}(51kΩ)装错,电阻太小。

(10) 功放级无电流(三极管 VT_6、VT_7),应检查以下几项。

① 输入变压器(绿色)次级不通。

② 输出变压器(红色)不通。

③ 三极管 VT_6、VT_7(9013H)坏或管脚接错。

④ 电阻 R_{11}(1kΩ)未接好。

(11) 功放级电流太大(大于 20mA),应检查以下几项。

① 二极管 VD_3 坏,或极性接反,管脚未焊好。

② 电阻 R_{11}(1kΩ)装错,用了小电阻(远小于 1kΩ 的电阻)。

(12) 整机无声,应检查以下几项。

① 检查电源有无加上。

② 检查 VD_1、VD_2(1N4148)两端电压是否是 1.3V ±0.1V。

③ 有无静态电流不大于 25mA。

④ 检查各级电流是否正常:变频级 0.2mA ±0.02mA;一中放 0.6mA ±0.2mA;二中

放 1.5mA ±0.5mA；前置低放级 4mA ±1mA；功放级 4 ~10mA。

⑤ 用万用表 $R\times1$ 电阻挡检测喇叭，应有 8Ω 左右的电阻，表笔接触喇叭引出接头时应有“喀喀”声，若无阻值或无“喀喀”声，说明喇叭已坏，测量时应将喇叭焊下，不可连机测量。

⑥B_3（黄中周）外壳未焊好。

⑦音量电位器未打开。

当整机无声时，用 MF47 型万用表检查故障的方法如下。

用万用表 $R\times1$ 电阻挡，黑表笔接地，红表笔从后级往前寻找，对照原理图，从喇叭开始顺着信号传播方向逐级往前碰触，喇叭应发出“喀喀”声。当碰触到哪级无声时，则故障就在该级，可测量工作点是否正常，并检查各元器件有无接错、焊错、虚焊等。若在整机上无法查出该元件好坏，则可拆下检查。

4.1.7 实习报告要求

（1）实习目的。

（2）画出收音机的工作原理框图。

（3）简述收音机的安装步骤、调试过程及故障排除方法。

（4）实习的意义、体会及相关建议。

4.2 双通道音频功率放大器的安装与调试

4.2.1 实习目的

（1）掌握双通道音频功率放大器的基本原理。

（2）熟悉双通道音频功率放大器的电路原理图、印制电路板图。

（3）掌握常用电子元器件的识别及检测方法。

（4）掌握电子产品的装配过程、调试方法及故障检测方法。

4.2.2 音频功率放大器的简介

音频功率放大器（Audio Power Amplifier）简称“功放”，是指在给定失真率条件下，能产生最大功率输出以驱动负载扬声器发声的放大器。音频功率放大器在整个音响系统中起到了“组织、协调”的枢纽作用，在某种程度上主宰着整个系统能否提供良好的音质输出。音频功率放大器主要性能参数包括输出功率、频率响应、失真度、信噪比、输出阻抗、阻尼系数等。常用的音频功率放大器如图 4.2.1 和图 4.2.2 所示。

音频功率放大器主要性能参数简单介绍如下。

1. 输出功率

输出功率的单位为 W，根据不同测量方法有不同叫法，如额定输出功率、最大输出功率、音乐输出功率、峰值音乐输出功率。

音乐功率：是指输出失真度不超过规定值的条件下，音频功放对音乐信号的瞬间最大输出功率。

图 4.2.1 音频功率放大器 1

图 4.2.2 音频功率放大器 2

峰值功率:是指在不失真条件下,将音频功放音量调至最大时,音频功放所能输出的最大音乐功率。

额定输出功率:当谐波失真度为 10% 时的平均输出功率,也称最大有用功率。

通常,峰值功率 > 音乐功率 > 额定输出功率,一般情况下峰值功率是额定输出功率的 5 ~ 8 倍。

2. 频率响应

频率响应是表示音频功放的频率范围和频率范围内的不均匀度。频响曲线的平直与否一般用分贝(dB)表示。家用 Hi - Fi 音频功放的频响一般为 20Hz ~ 20kHz, ± 1dB,这个范围越宽越好。一些极品音频功放的频响已经做到 0 ~ 100kHz。

3. 失真度

理想的音频功放应该是把输入的信号放大后,毫无改变地忠实还原出来。但是由于各种原因经音频功放放大后的信号与输入信号相比较,往往产生了不同程度的畸变,这个畸变就是失真,用百分比表示,其数值越小越好。Hi - Fi 音频功放的总失真在 0.03% ~ 0.05% 之间。音频功放的失真有谐波失真、互调失真、交叉失真、削波失真、瞬态失真、瞬态互调失真等。

4. 信噪比

信噪比是指信号电平与音频功放输出的各种噪声电平之比,用 dB 表示,这个数值越大越好。一般家用 Hi - Fi 音频功放的信噪比在 60dB 以上。

5. 输出阻抗

对扬声器所呈现的等效内阻称为输出阻抗。输出阻抗或称额定负载阻抗,通常有 8Ω、4Ω、2Ω 等值,此值越小,说明功率放大器负载能力越强。就单路而言,额定负载为 2Ω 的功率放大器,可以驱动 4 只阻抗为 8Ω 的音箱发声且失真很小。

6. 阻尼系数

阻尼系数是指功率放大器的负载阻抗(大功率管内部电阻加上音箱的接线线阻)与功率放大器实际阻抗的比值,如 8Ω: 0.04Ω = 200: 1,一般要求比值比较大,但不能太大,太大会觉得扬声器发声单薄,太小则会使声音混浊,声音层次差,声像分布不佳。

4.2.3 音频功放基本原理

音频功放实际上就是对比较小的音频信号进行放大,使其功率增加,然后输出。前置放大主要是完成对小信号的放大,使用一个同相放大电路对输入的音频小信号的电压进行放大,得到后一级所需要的输入。后一级的主要作用是对音频信号进行功率放大,使其能够驱动电阻而得到需要的音频信号。LM386 是较常用的低电压音频功率放大器,增益在内部设定到 20 倍可使外部元件数少,在引脚 1 和 8 之间连接电阻和电容可使增益超过 200 倍。LM386 构成的电压增益为 20 倍和 200 倍的音频功放电路分别如图 4.2.3 和图 4.2.4 所示。

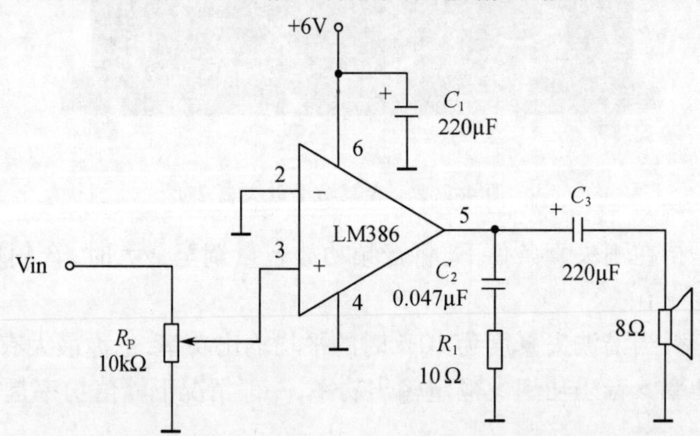

图 4.2.3 LM386 构成的典型音频功放电路(电压增益为 20 倍)

4.2.4 D2822 型双通道音频功放

1. D2822 芯片简介

D2822 用于便携式录音机或收音机的音频功率放大芯片,采用 DIP8 封装形式。D2822 芯片的特点如下。

(1) 电源电压低,在 1.8V 时仍可以正常工作。

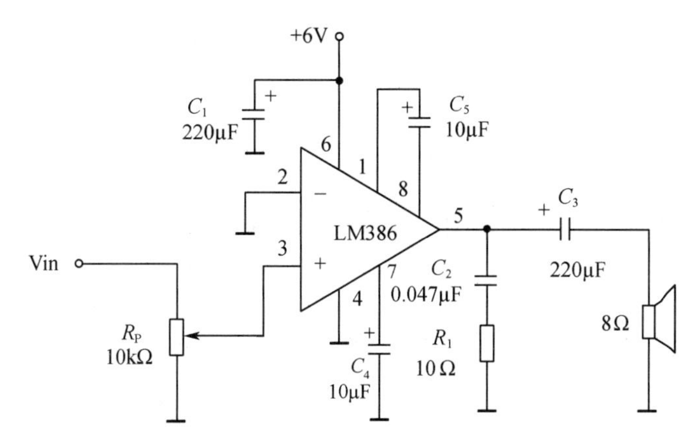

图 4.2.4　LM386 构成的典型音频功放电路(电压增益为 200 倍)

(2) 通道相互独立,分离度高。

(3) 可作为桥式或立体声功放应用。

(4) 所需外围元器件少。

(5) 采用双通道放大电路设计。

(6) 交越失真小。

(7) 开关机无冲击噪声。

D2822 芯片的内部结构如图 4.2.5 所示,D2822 芯片的管脚如图 4.2.6 所示。

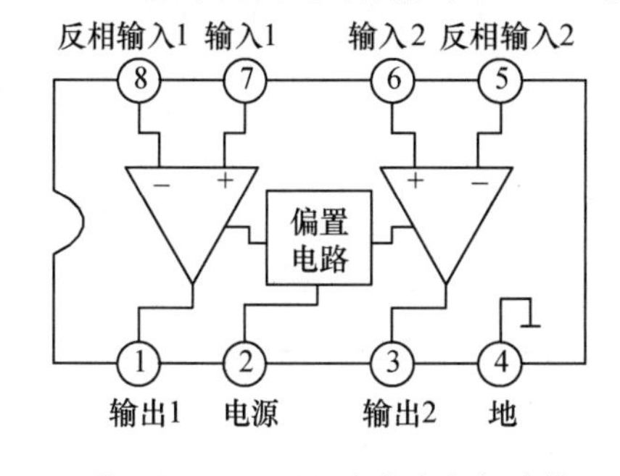

图 4.2.5　D2822 芯片的内部结构

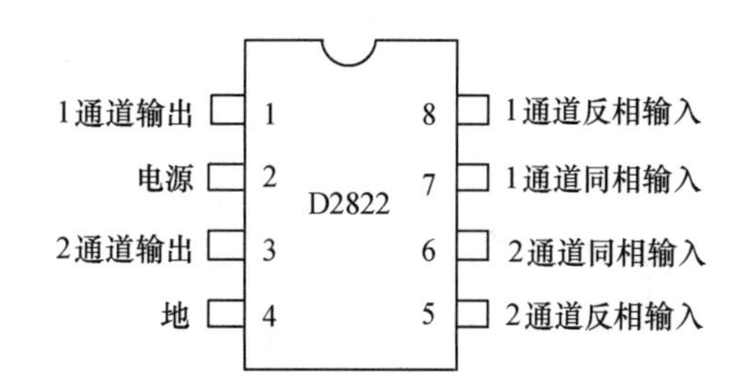

图 4.2.6　D2822 芯片的管脚

D2822 芯片的管脚及功能如表 4.2.1 所列。

表 4.2.1　D2822 芯片的管脚及功能

管脚	符号	功能	管脚	符号	功能
1	1OUT	1 通道输出	5	2IN -	2 通道反相输入
2	VCC	电源	6	2IN +	2 通道同相输入
3	2OUT	2 通道输出	7	1IN +	1 通道同相输入
4	GND	接地	8	1IN -	1 通道反相输入

2. D2822 芯片的应用电路

D2822 芯片的立体声应用测试电路和桥式应用测试电路分别如图 4.2.7 和图 4.2.8 所示。

D2822 芯片在便携式录音机中的典型应用电路如图 4.2.9 所示。

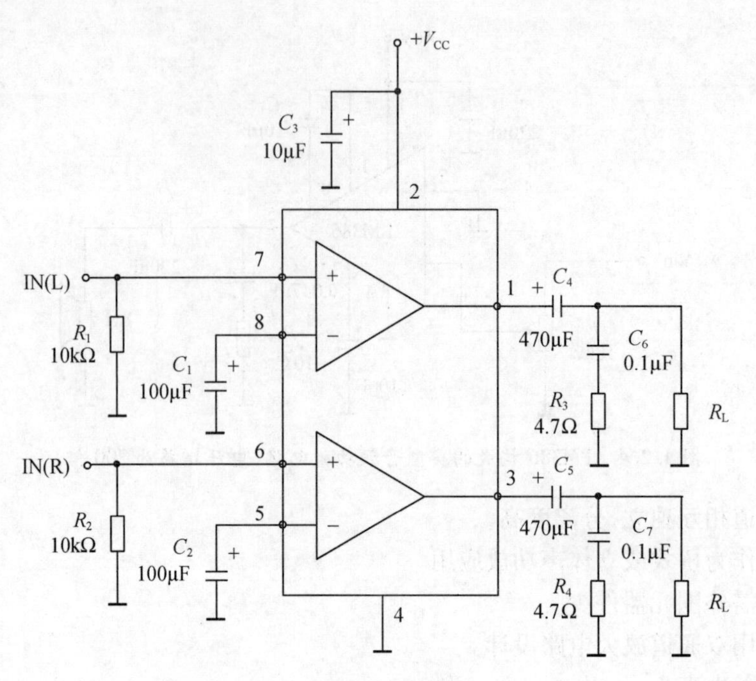

图 4.2.7　D2822 的立体声应用测试电路

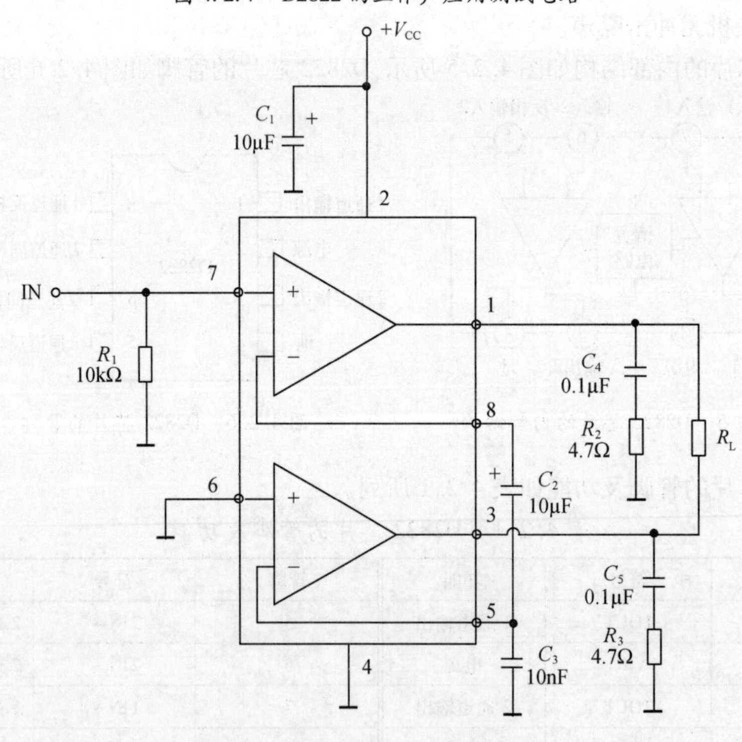

图 4.2.8　D2822 的桥式应用测试电路

D2822 芯片在便携式录音机中的经济型应用电路如图 4.2.10 所示。

3. 基于 D2822 芯片的足球功放

1）电路工作原理

基于 D2822 芯片的足球功放的电路原理如图 4.2.11 所示。通过音频线将 MP3、MP4

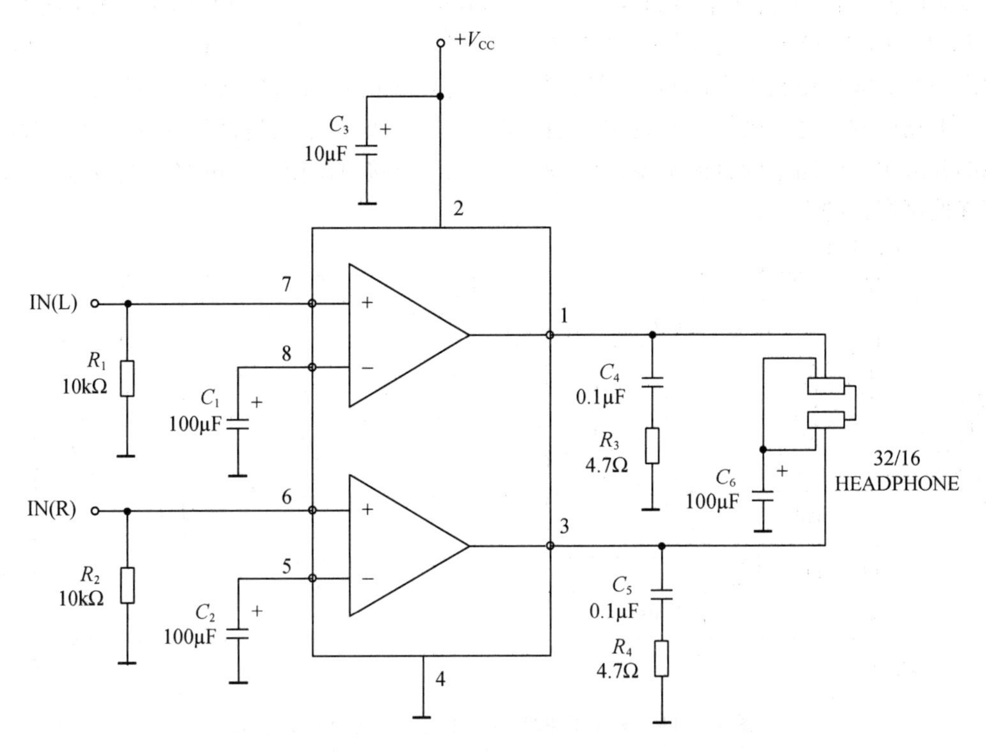

图 4.2.9　D2822 在便携式录音机中的典型应用电路

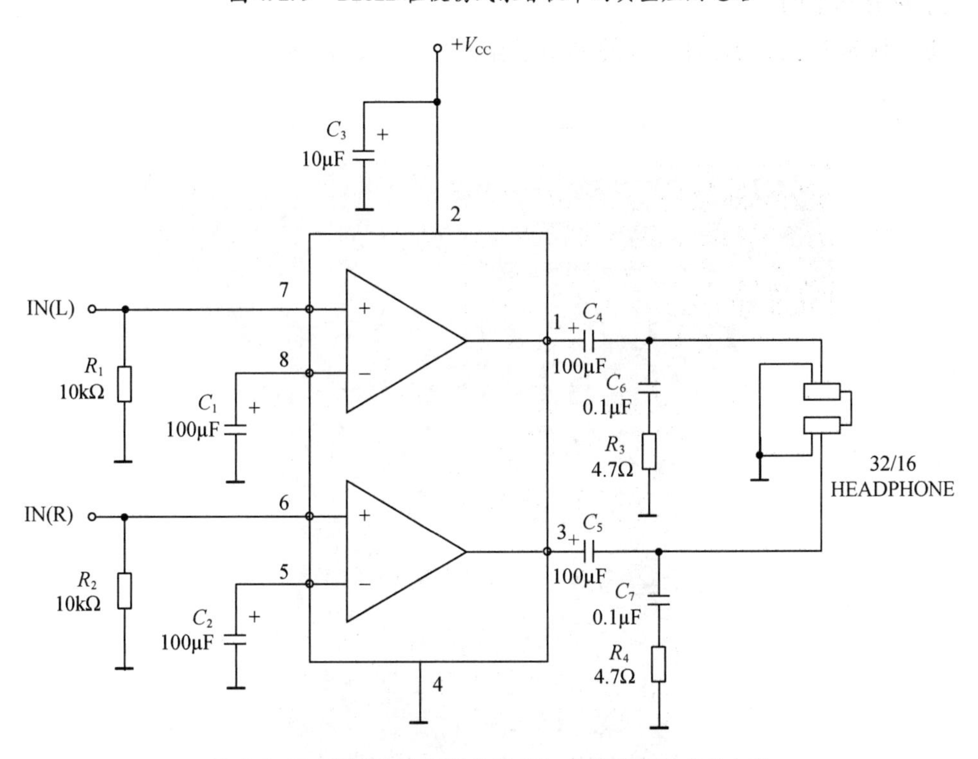

图 4.2.10　D2822 在便携式录音机中的经济型应用电路

等设备的左、右两路音频信号输入到立体声盘式电位器的输入端，两路音频信号再分别经过 R_1、C_2、R_2、C_4 耦合到功率放大集成电路 D2822 芯片的输入端 6、7 脚，经过 IC1（D2822）内部功率放大后由其 1、3 脚输出，经过放大后的音频信号用以推动左、右两路扬声器工作。电路中的发光二极管 LD_1 起电源通电指示作用。电路中的拨动开关 K_1 可以控制电源的开或关。电路中的直流电源插座 DC 可以用于外接电源使用。电路中的电位器 VOL 用来控制音量的大小。

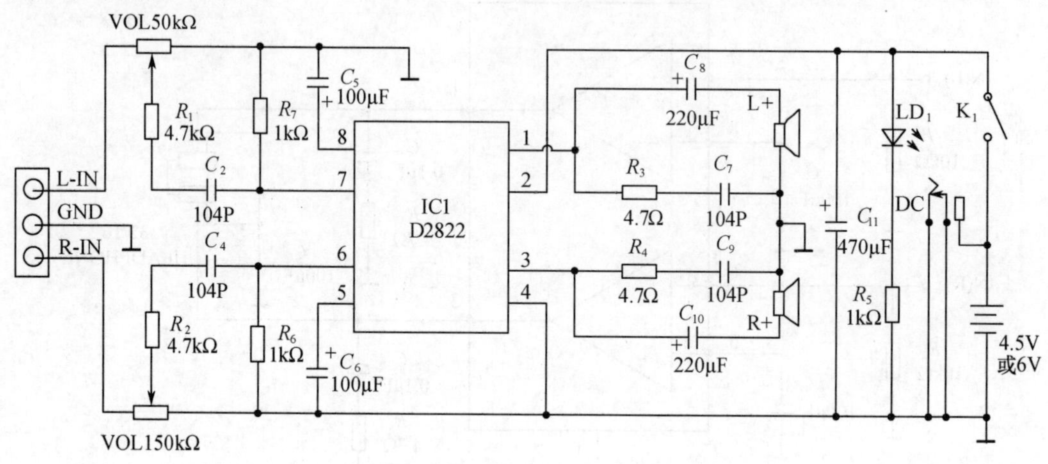

图 4.2.11　基于 D2822 芯片的足球功放的电路原理

2）PCB 装配图

基于 D2822 芯片的足球功放的 PCB 装配图如图 4.2.12 所示。

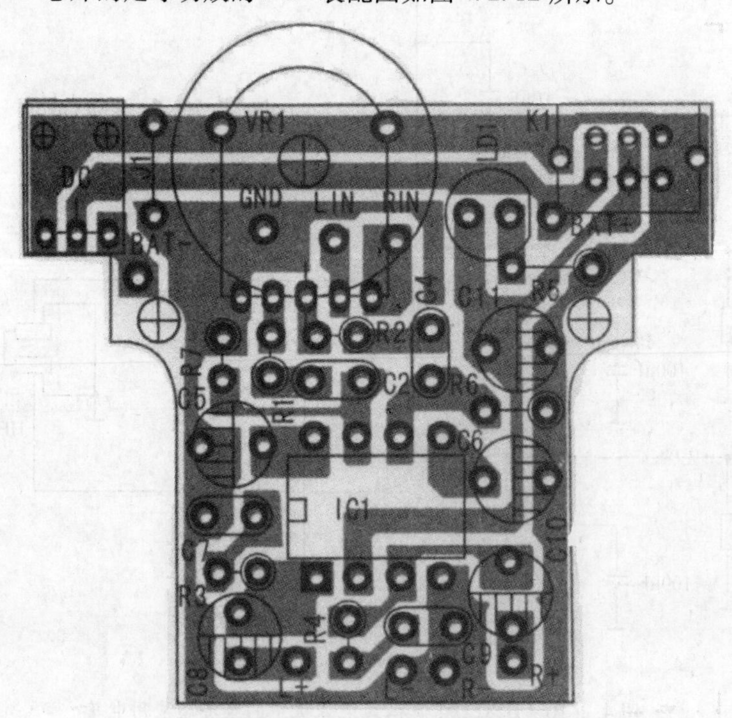

图 4.2.12　基于 D2822 芯片的足球功放的 PCB 装配图

3）元件清单

基于 D2822 芯片的足球功放套件的元件清单如表 4.2.2 所列。

表 4.2.2　基于 D2822 芯片的足球功放套件的元件清单

序号	名称	规格	符号	数量
1	线路板			1 块
2	集成芯片	D2822	IC1	1 块
3	发光二极管	ϕ3mm	LD_1	1 只
4	电位器	B50kΩ(双声道)	VR_1	1 只
5	直流插座		DC	1 只
6	开关	SK22D03VG2	K_1	1 只
7	电阻	4.7Ω;4.7kΩ	R_3、R_4;R_1、R_2	4 只
8	电阻	1kΩ	R_5、R_6、R_7	3 只
9	瓷片电容	104P	C_2、C_4、C_7、C_9	4 只
10	电解电容	100μF;220μF	C_5、C_6;C_8、C_{10}	4 只
11	电解电容	470μF/16V	C_{11}	1 只
12	立体声插头	双芯屏蔽线	LIN、RIN、GND	1 根
13	喇叭	4Ω/5W		2 只
14	电池片			1 套
15	动作片			4 片
16	导线	1.0×90mm×2P	L+、L-;R+、R-	4 根
17	导线	1.0×60mm	BAT+、BAT-	2 根
18	螺钉	2×6mm	底壳(4 个)、机板(2 个)、动作片(4 个)	10 个
19	螺钉	2×8mm	喇叭座	12 个
20	开关帽			1 个

4.2.5　D2822 型双通道音频功放的安装与调试

1. 焊接训练

要求：根据所给元器件，利用分压法和限流法设计两个电路使 LED 二极管能够正常工作。

元器件：5V 电源 1 个；ϕ5mm 的红色 LED 二极管 1 只（工作电压为 2.5V，额定电流为 10mA）；电阻若干（利用色环读出电阻阻值大小）；导线若干；通用电路板 1 块。

验收要求：电路设计图和理论分析合理；元器件焊接整齐，布局合理；焊点标准；电路元器件工作正常。

2. D2822 型双通道音频功放的安装

足球功放性能的好坏，除了直接与电路有关外，和装配技术的好坏关系密切。因此，对元件的选择、加工及焊接质量等必须足够重视。

装配工艺流程：熟悉工艺要求→准备→核对元件数量、规格、型号→元件检测→元器件预加工→元件的安装、焊接→总装配→调试。

D2822 型双通道音频功放的安装及焊接步骤如下。

1）机械部分的安装（焊接前）

（1）安装 4 个动作片。

（2）焊接两个喇叭的引线（注意穿线方向），安装两个喇叭的 12 个螺钉。

（3）安装电池的正负极片。

2）元件焊接步骤

（1）电位器→集成芯片→发光二极管→开关→电源插座。

（2）104 电容（4 个，C_2、C_4、C_7、C_9）。

（3）电阻 4.7Ω（2 个，R_3、R_4）→电阻 4.7kΩ（2 个，R_1、R_2）→电阻 1kΩ（3 个，R_5、R_6、R_7）。

（4）电解电容 100μF（2 个，C_5、C_6）→电解电容 220μF（2 个，C_8、C_{10}）→电解电容 470μF（1 个，C_{11}）。

（5）电源线：BAT +（红线）、BAT -（黑线）。

（6）音频线。

（7）两个喇叭引线的焊接。

（8）电源开关帽子的安装。

3）机械部分的安装（焊接后）

若调试成功后，则进行最后的机械部分安装，分别为：

（1）将线路板固定在底座上。

（2）将喇叭固定在底座上。

（3）将音频线引出。

（4）将前盖和电池盒后盖分别装好。

装配好的基于 D2822 芯片的足球功放外观如图 4.2.13 所示。

图 4.2.13 基于 D2822 芯片的足球功放

3. D2822 型双通道音频功放的调试

按照上面的安装及焊接步骤完成后,装上电池或通过电源插孔提供 6V 电压,利用手机或计算机中的音频信号,该信号通过音频线提供给音频功放,音频功放对该输入信号进行放大,并不失真,这才算调试成功。若扬声器没有声音或者声音失真,则应检查线路板上的元器件的安装位置及焊接是否有问题?线路板上的元器件是否有漏焊、虚焊及错焊现象?机械部件安装是否有问题?

4.2.6 实习报告要求

(1) 焊接训练部分。

根据所给的元器件,利用分压法和限流法设计两个电路,使红色 LED 二极管正常工作。要求进行电路图的设计及理论分析计算。

(2) 双通道音频功率放大器的安装与调试。

① 画出双通道音频功率放大器的电路原理图,并进行简单的工作原理分析。

② 写出组装过程、调试过程及故障排除过程。

(3) 实习心得体会及建议。

4.3 贴片微型 FM 收音机的安装与调试

4.3.1 实习目的

(1) 了解贴片微型 FM 收音机电路的工作原理。

(2) 通过对贴片微型 FM 收音机的组装,掌握收音机电路的装配工艺及 SMT 基本工艺知识。

(3) 掌握贴片元器件的识别及检测方法。

(4) 掌握贴片微型 FM 收音机的调试方法及故障检测方法。

4.3.2 贴片微型 FM 收音机特点及工作原理

1. 产品特点

(1) 采用电调谐单片 FM 收音机集成电路,调谐方便、准确。

(2) 接收频率:87 ~ 108MHz。

(3) 较高接收灵敏度。

(4) 电源范围大:1.8 ~ 3.5V,充电电池(1.2V)和一次性电池(1.5V)均可工作。

(5) 内设静噪电路,可抑制调谐过程中的噪声。

2. 贴片微型 FM 收音机工作原理

贴片微型 FM 收音机电路的核心是单片收音机集成电路 CD9088,它采用特殊的低中频(70kHz)技术,外围电路省去了中频变压器和陶瓷滤波器,使电路简单可靠、调试方便。

同类收音机所采用的集成电路还有 SC1088、SL1088、TDA7088、D7088 等不同厂商生产的产品,电路性能及引线完全一样,可以相互替换使用。

CD9088 采用 SOT16 引线封装,其管脚及功能如表 4.3.1 所列,其内部结构框图如图

4.3.1 所示。

表 4.3.1 CD9088 的管脚及功能

管脚	符号	功能	管脚	符号	功能
1	MUTE	静噪输出	9	V_{IIF}	中频输入至限幅放大器
2	V_{OAF}	音频信号输出	10	C_{LP2}	中频限幅放大器的低通电容
3	LOOP	音频环路滤波	11	V_{IRF}	射频输入
4	V_P	电源	12	V_{IRF}	射频输入
5	OSC	振荡器	13	C_{LIM}	限幅器失调电压补偿电容
6	IF FB	中频反馈	14	GND	接地
7	C_{LP1}	1dB 放大器的低通电容	15	C_{AP}	全通滤波器电容输入用于自动搜寻
8	V_{OIF}	中频输出至外接耦合电容	16	TUNE	电调/AFC 输出

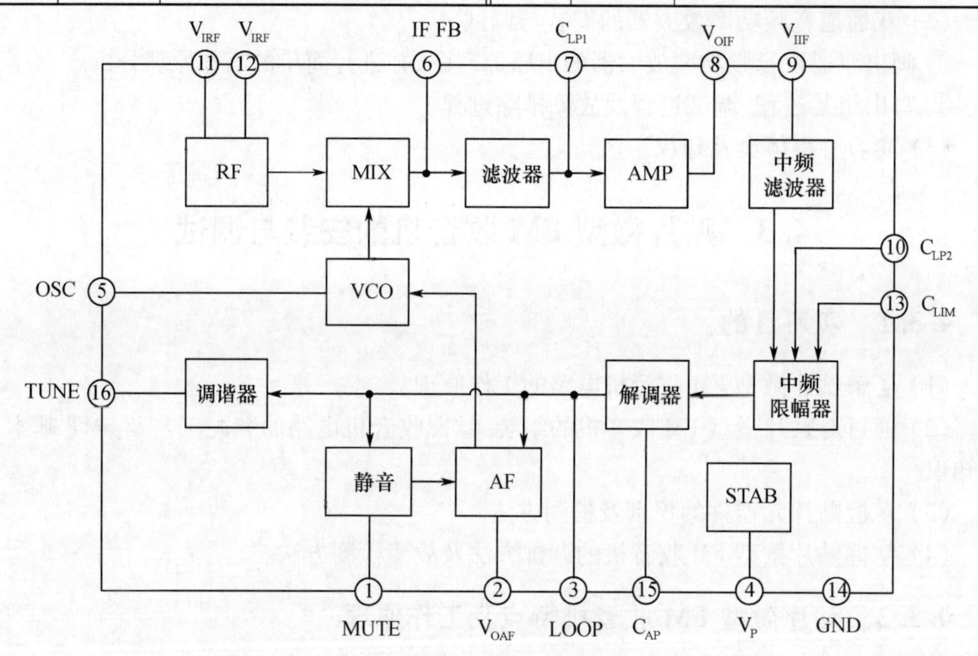

图 4.3.1 CD9088 的内部结构框图

由 CD9088 组成的微型 FM 收音机主要由 FM 信号输入回路、本振调谐电路、中频放大、限幅与鉴频电路和功率放大电路几部分组成，其电路原理如图 4.3.2 所示。

1）FM 信号输入回路

如图 4.3.2 所示，调频信号由耳机线馈入进 C_{14}、C_{15} 和 L_3 的输入电路进入集成芯片 IC 的 11、12 脚混频电路。这里的 FM 信号没有调谐的调频信号，即所有调频电台信号均可进入。

2）本振调谐电路

本振调谐电路中关键元器件是变容二极管，它是利用 PN 结的结电容与偏压有关的特性制成的“可变电容”。

本电路中，控制变容二极管 VD_1 的电压由集成芯片 IC 的 16 脚给出，当按下扫描开关 S_1 时，集成芯片 IC 内部的 RS 触发器打开恒流源，由 16 脚向电容 C_9 充电，C_9 两端的电压

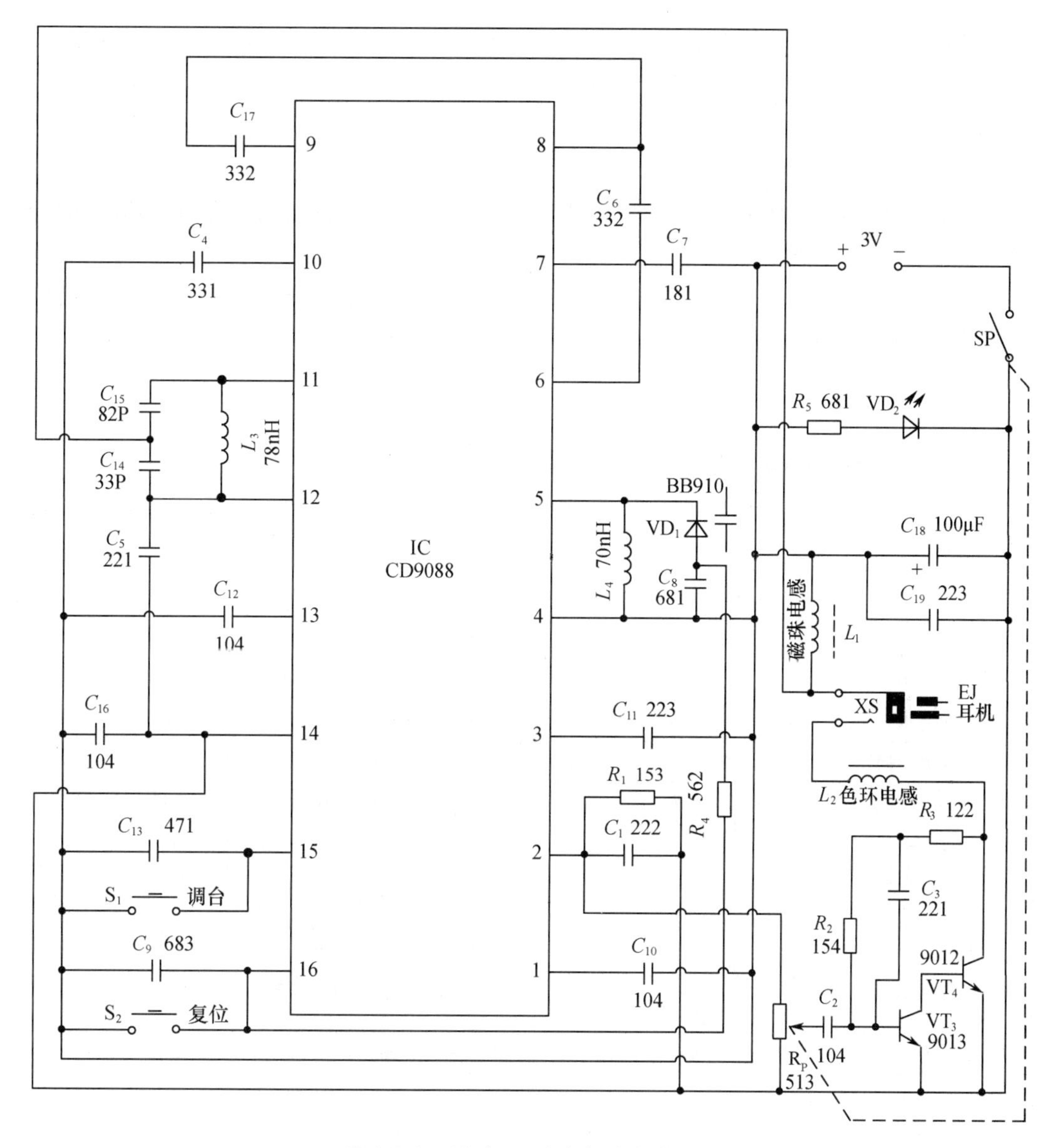

图 4.3.2 微型 FM 收音机的电路原理

不断上升，VD_1 电容量不断变化，由 VD_1、C_8、L_4 构成的本振电路的频率不断变化而进行调谐。当收到电台信号后，信号检测电路使集成芯片 IC 内的 RS 触发器翻转，恒流源停止对 C_9 充电，同时在 AFC（Automatic Frequency Control）电路作用下，锁住所接收的广播节目频率，从而可以稳定接收电台广播，直到再次按下扫描开关 S_1 开始新的搜索。当按下复位开关 S_2 时，电容 C_9 放电，本振频率回到最低端。

3）中频放大、限幅与鉴频电路

电路的中频放大、限幅及鉴频电路的有源器件及电阻均在集成芯片 IC 内。FM 广播信号和本振电路信号在集成芯片 IC 内，混频器中混频产生 70 kHz 的中频信号，经内部 1dB 放大器、中频限幅器，送到鉴频器检出音频信号，经内部环路滤波后由集成芯片 2 脚输出音频信号。电路中 1 脚的 C_{10} 为静噪电容，3 脚的 C_{11} 为 AF（音频）环路滤波电容，6 脚

的 C_6 为中频反馈电容,7 脚的 C_7 为低通电容,8 脚与 9 脚之间的电容 C_{17} 为中频耦合电容,10 脚的 C_4 为限幅器的低通电容,13 脚的 C_{12} 为中频限幅器失调电压电容,15 脚的 C_{13} 为滤波电容。

4）功率放大电路

由于用耳机收听,所需功率很小,本机采用了简单的晶体管放大电路,2 脚输出的音频信号经电位器 R_P 调节电量后,由三极管 VT_3、VT_4 组成复合管进行甲类放大。R_1 和 C_1 组成音频输出负载,线圈 L_1 和 L_2 为射频与音频隔离线圈。这种电路耗电大小与有无广播信号以及音量大小关系不大,因此不收听时要关断电源。

4.3.3 贴片微型 FM 收音机的安装与焊接

1. 清点材料及元器件识别

按照表 4.3.2 所列的微型 FM 收音机元件清单对元器件进行一一清点,记清每个元件的名称、外形及极性,清点完毕后将元器件放好,以免丢失。

表 4.3.2 贴片微型 FM 收音机的元件清单

序号	名称	规格	符号	数量	序号	名称	规格	符号	数量
1	贴片电阻	153	R_1	1	22	二极管	BB910	VD_1	1
2	贴片电阻	154	R_2	1	23	二极管	LED	VD_2	1
3	贴片电阻	122	R_3	1	24	贴片三极管	9014(J6)	VT_3	1
4	贴片电阻	562	R_4	1	25	贴片三极管	9012(2T1)	VT_4	1
5	插件电阻	681	R_5	1	26	磁珠电感	4.7μH	L_1	1
6	电位器	51kΩ	R_P	1	27	色环电感	4.7μH	L_2	1
7	贴片电容	222	C_1	1	28	空芯电感	78nH(8 圈)	L_3	1
8	贴片电容	104	C_2、C_{10}、C_{12}、C_{16}	4	29	空芯电感	70nH(5 圈)	L_4	1
9	贴片电容	221	C_3、C_5	2	30	贴片集成块	CD9088	IC	1
10	贴片电容	331	C_4	1	31	耳机	32Ω×2	EJ	1
11	贴片电容	332	C_6	1	32	耳机插座		XS	1
12	贴片电容	181	C_7	1	33	开关按钮	SCAN 键		1
13	贴片电容	681	C_8	1	34	开关按钮	RESET 键		1
14	贴片电容	683	C_9	1	35	轻触开关	2 脚	S_1、S_2	2
15	贴片电容	223	C_{11}	1	36	印制板			1
16	贴片电容	471	C_{13}	1	37	电池片	正、负、连接片		各 1
17	贴片电容	33	C_{14}	1	38	电位器钮	内、外		各 1
18	贴片电容	82	C_{15}	1	39	前盖、后盖			各 1
19	插件电容	332	C_{17}	1	40	导线			2
20	电解电容	100μF	C_{18}	1	41	自攻螺钉	$\phi2\times8$(2 个),$\phi2\times5$(1 个)		3
21	插件电容	223	C_{19}	1	42	电位器螺钉	$\phi1.6\times5$		1

特别需要检测的是：

（1）电位器阻值调节特性。

（2）LED、线圈、电解电容、插座、开关的好坏。

（3）判断变容二极管的好坏及极性，其极性如图 4.3.4 所示。

2. 元器件的焊接与安装

1）SMD（表面贴装）元器件的焊接与安装

按照图 4.3.3（b）所示印制板正面所标示的贴片元器件编号的位置，在图 4.3.3（a）所示印制板反面焊接所对应的贴片元器件，具体焊接顺序如下。

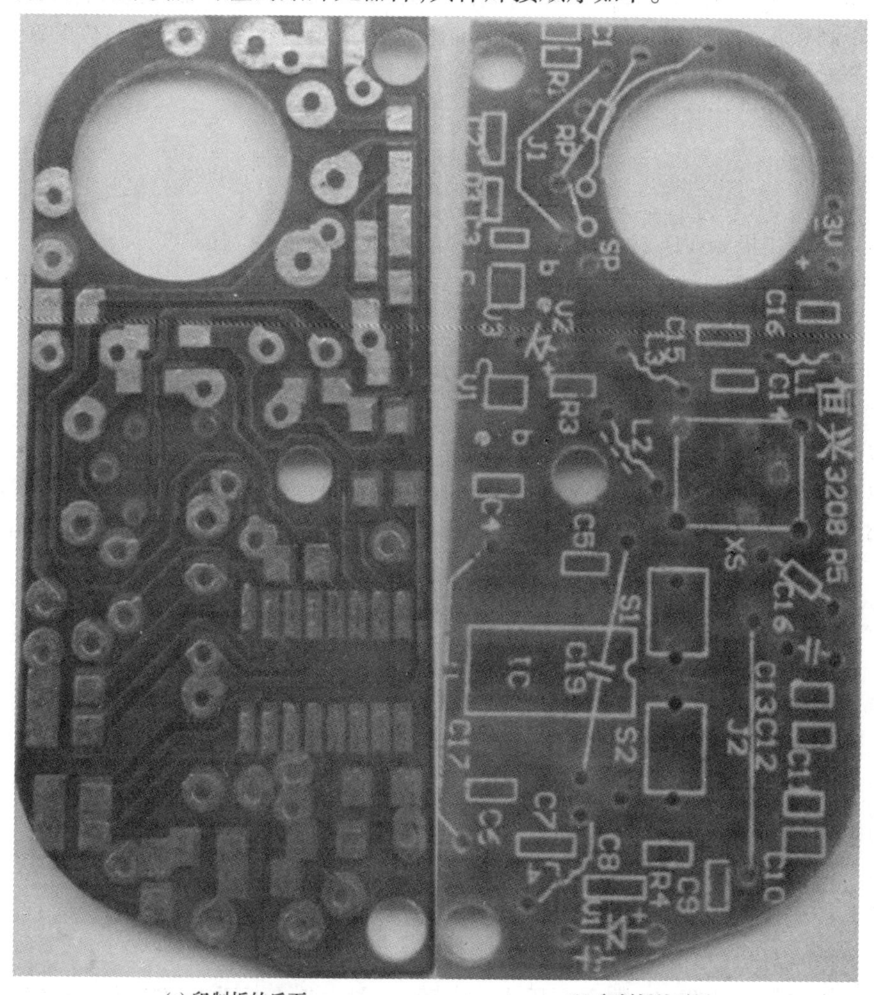

(a) 印制板的反面　　(b) 印制板的正面

图 4.3.3　贴片微型 FM 收音机的印制电路板

（1）C_1/R_1，C_2/R_2，C_3/VT_3，C_4/VT_4，C_5/R_3。

（2）C_6，CD9088，C_7，C_8/R_4。

（3）C_9，C_{10}，C_{11}，C_{12}，C_{13}，C_{14}，C_{15}，C_{16}。

注意以下几点。

（1）贴片元器件不得用手拿。

(2) 用镊子夹持贴片元器件时,不可夹到引线上。

(3) CD9088 贴片集成块方向不能放错,集成块上的小圆点应和印制板正面 IC 的缺口方向一致。

(4) 贴片电容表面没有标签,一定要保证准确及时贴到指定位置。

(5) 贴片电阻表面有标识,注意一一对应。

(6) 贴片三极管需要注意型号和极性,不能弄错。

2) THT(通孔安装)元器件的焊接与安装

按照图 4.3.3(b)所示印制板正面所标示的 THT 元器件编号的位置,将 THT 元器件安装在印制板正面,在图 4.3.3(a)所示印制板反面进行焊接,具体焊接与安装顺序如下。

(1) 安装并焊接电位器 R_P,注意电位器与印制板平齐。

(2) 安装并焊接耳机插座 XS。

(3) 轻触开关 S_1、S_2,跨接线 J_1、J_2(可用剪下的元件引脚代替)。

(4) 变容二极管 VD_1,注意变容二极管的极性方向标记,其极性如图 4.3.4 所示。

(5) 插件电阻 R_5,插件电容 C_{17}、C_{19}。

(6) 电感线圈 $L_1 \sim L_4$,L_1 用磁珠电感,L_2 用色环电感,L_3 用 8 圈的空芯电感,L_4 用 5 圈的空芯电感。

(7) 电解电容 C_{18},注意电解电容的正负极性。

(8) 发光二极管 VD_2,注意发光二极管的正负极性。

(9) 焊接电源连接线 J_3、J_4,注意正负电源线的颜色。

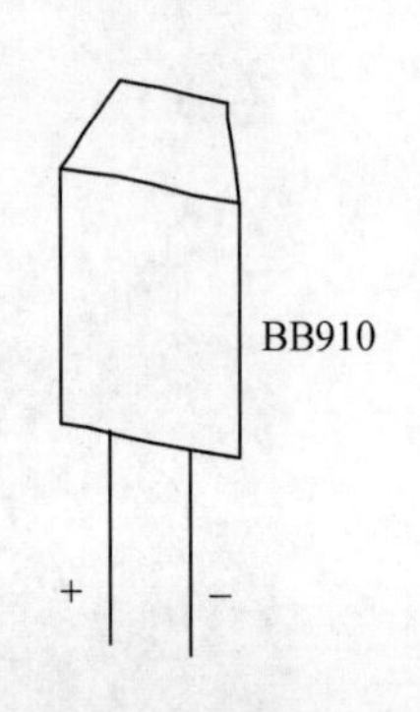

图 4.3.4 变容二极管的极性

4.3.4 贴片微型 FM 收音机的调试及总装

1. 调试

1) 所有元器件焊接完成后目视检查

元器件:型号、规格、数量及安装位置,方向是否与图纸符合。

焊点检查:有无虚焊、漏焊、桥接、飞溅等缺陷。

2) 测整机电流

(1) 检查无误后,将电源线焊到电池片上。

(2) 在电位器开关断开的状态下装入电池。

(3) 插入耳机。

(4) 用万用表 200mA(数字万用表)或 50mA 挡(指针万用表)跨接在开关两端测电流(图 4.3.5),用指针表时注意表笔极性。

正常电流应为 7 ~ 30mA(与电源电压有关),并且 LED 正常点亮。样机的测试电流与工作电压关系如表 4.3.3 所列,可供参考。

表 4.3.3 样机的测试电流与工作电压关系表

工作电压/V	1.8	2	2.5	3	3.2
测试电流/mA	8	11	17	24	28

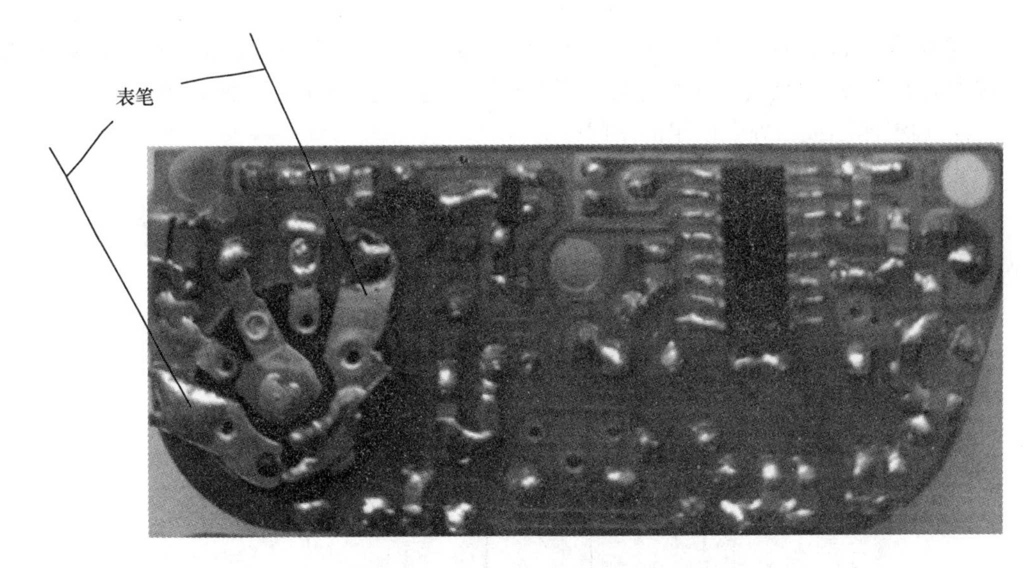

图 4.3.5　整机电流测试示意图

注意:如果电流为零或超过 35mA 则属于异常,应检查电路。

3）搜索电台广播

如果整机电流在正常范围,可按 S_1 调台开关搜索电台广播。只要元器件质量完好,安装正确,焊接可靠,不用调任何部分即可收到电台广播。

如果收不到广播应仔细检查电路。特别要检查有无错装、虚焊、漏焊等缺陷。

4）调接收频段

调接收频段就是使收音机接收范围覆盖整个调频广播的频率范围(我国大陆调频广播的频率范围为 87～108MHz)。由于现在收音机采用高性能集成电路和优化外围电路,当元器件一致性较好时,通过简单调试方法,也可以达到满意的效果。本实习产品就可以采用实际收听电台的方法调接收频段。

调试时可以找一个当地频率最低的 FM 电台(如北京文艺台,即 87.6MHz),适当改变 L_4 的匝间距,使按过 RESET(S_1)键后第一次按 SCAN(S_2)键可收到这个电台。由于 CD9088 集成度高,如果元器件一致性较好,一般收到低端电台后均可覆盖 FM 频段,故可不调高端而仅做检查(可以用一个成品 FM 收音机对照检查)。

5）调灵敏度

本机灵敏度由电路及元器件决定,一般不用调整,调好接收频段后即可正常收听。也可在收听频段中间电台(如音乐台 97.4MHz)时适当调整 L_4 匝间距,使灵敏度最高(耳机监听音量最大)。

2. 总装

(1) 腊封线圈。调试完成后将适量泡沫塑料填入线圈 L_4(注意不要改变线圈形状及匝距),滴入适量腊使线圈固定。

(2) 固定印制板,装入外壳。

① 将外壳面板平放到桌面上,注意不要划伤面板。

② 将两个按键帽从外壳的反面放入孔内。注意:SCAN 键帽上有缺口,放键帽时要对准机壳上的凸起,RESET 键帽上无缺口。

③ 将印制板对准位置放入外壳内。注意:对准 LED 位置,若有偏差可轻轻掰动,偏差过大必须重焊;印制板的 3 个孔与外壳螺柱应相互配合;电源线不能妨碍机壳装配。

④ 装上印制板和外壳固定的中间螺钉。

⑤ 装电位器旋钮,注意旋钮上的凹点位置,参见图 4.3.6。

⑥ 装后盖,上两边的两个螺钉。

装配好的贴片微型 FM 收音机外观如图 4.3.6 所示。

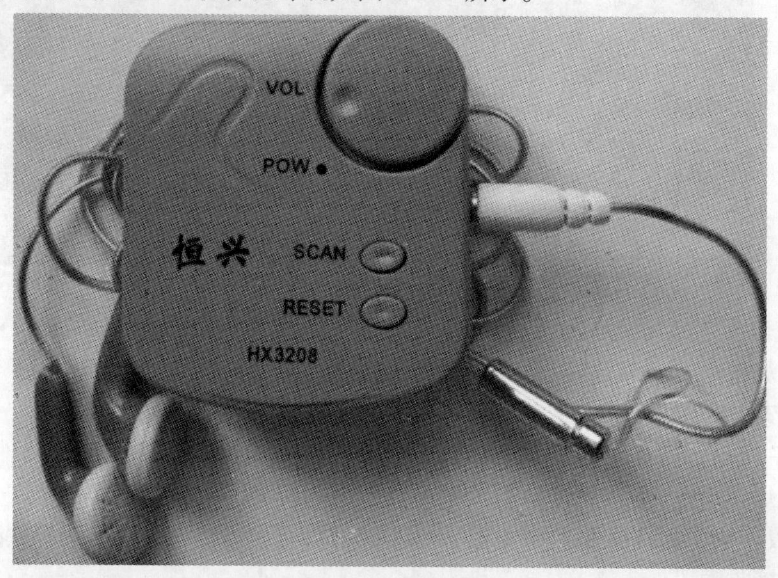

图 4.3.6 贴片微型 FM 收音机

3. 检查

总装完毕,装入电池,插入耳机进行检查。要求如下。

(1) 电源开关手感良好。

(2) 音量正常可调。

(3) 收听正常。

(4) 表面无损伤。

4.3.5 实习报告要求

(1) 实习目的。

(2) 简述贴片微型 FM 收音机的工作原理。

(3) 简述贴片微型 FM 收音机的安装步骤、调试过程及故障排除方法。

(4) 实习的意义、体会及相关建议。

4.4 LED 充电台灯的安装与调试

4.4.1 实习目的

(1) 了解 LED 充电台灯电路的工作原理。

(2) 通过对 LED 充电台灯的组装,掌握 LED 充电台灯电路的装配工艺。

(3) 掌握常用电子元器件的识别及检测方法。

(4) 掌握 LED 充电台灯的调试方法及故障检测方法。

4.4.2 LED 充电台灯的特点及工作原理

1. 产品特点

这是一款经济型小台灯,由于采用 220V 市电为内置电池充电,灯头共有 12 只白色 LED,有较强的实用性,具有以下特点。

(1) 采用 12 只高亮度白光 LED 作为光源,有较好照明亮度。

(2) 内置密封免维护蓄电池,可循环使用 500 次以上,提供较强的续航能力。电池充满后,台灯能连续工作 4 ~ 6h。

(3) 采用金属软管结构,灯光可任意角度弯曲调整照明方向,同时便于携带。

(4) 内置插头可直接市电 2 孔插座。

2. 使用说明

(1) 充电方法。将台灯交流插头完全拉出,直接插入交流 220V 电源插座上,相应的充电指示灯会亮,表示台灯处于充电状态,充电时间不要超过 10h。

(2) 及时充电。使用过程中,当 LED 灯泡亮度变暗淡时,为延长蓄电池使用寿命,应停止使用,及时充电。如果当 LED 灯泡不亮时才充电,容易使蓄电池失效。

(3) 安全使用。台灯充电时请勿使用,以免烧坏 LED 灯泡或电源内部充电部件。台灯充电时需远离易燃易爆物品。

3. LED 充电台灯的工作原理

LED 充电台灯的电路原理如图 4.4.1 所示。该电路主要由降压整流电路、充电与指示电路和驱动 LED 照明电路三部分构成。

(1) 降压整流电路。如图 4.4.1 所示,由电阻 R_1、电容 C_1 和二极管 VD_1 ~ VD_4 组成典型的电容降压整流电路。

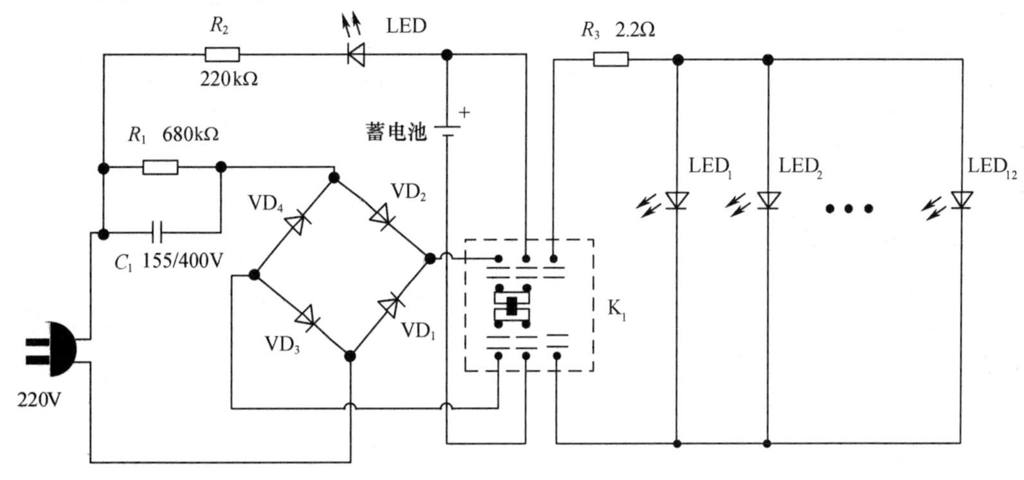

图 4.4.1 LED 充电台灯的电路原理

图 4.4.1 中,电容 C_1 和电阻 R_1 构成典型的电容降压电路,是一种电路简单、成本低

的小功率电源转换电路,常用于要求不高的电子产品中。在电容降压电路中,关键元器件是电容 C_1,电容 C_1 形成的交流阻抗决定了电路的电流输出能力。电阻 R_1 为放电电阻,在要求的时间内放掉电容 C_1 上的电荷,通常为 1MΩ 到数百千欧之间。

二极管 $VD_1 \sim VD_2$ 构成典型的桥式全波整流电路。

(2) 充电指示电路。如图 4.4.1 所示,发光二极管 LED 和限流电阻 R_2 构成充电指示电路,只要接通交流电源,发光二极管 LED 就会点亮,同时整流后的脉动直流电给蓄电池充电,充电电流为 60 ~ 70mA,由于是恒流充电模式,因此本产品正常情况下充电时间应为 8 ~ 10h。

(3) 驱动 LED 照明电路。在断开交流电源时,按下按键开关 K_1,蓄电池开始驱动并联的 12 个白光 $LED_1 \sim LED_{12}$。如果蓄电池充满电,LED 亮度最高,随着放电,电池端电压逐渐降低,LED 亮度也逐渐变暗,如果发现 LED 亮度不足,应及时充电。

4.4.3 LED 充电台灯的安装与焊接

1. 清点材料及元器件识别

按照表 4.4.1 所列的 LED 充电台灯的元件清单对元器件进行一一清点,记清每个元件的名称、外形及极性,清点完毕后将元器件放好,以免丢失。

表 4.4.1 LED 充电台灯的元件清单

序号	名称	规格	符号	数量	序号	名称	规格	符号	数量
1	二极管	1N4007	$VD_1 \sim VD_4$	4	11	主壳			1 套
2	发光管	ϕ3 红	LED	1	12	灯罩壳			1 套
3	发光管	ϕ5 草帽	$LED_1 \sim LED_{12}$	12	13	开关帽			1
4	电阻	680kΩ	R_1	1	14	螺钉	2.5×6	主壳、线路板	6
5	电阻	220kΩ	R_2	1	15	螺钉	2×5	灯罩壳	2
6	电阻	2.2Ω	R_3	1	16	导线	10mm		4
7	电容	155/400V	C_1	1	17	导线	20mm		2
8	开关		K_1	1	18	线路板			2
9	交流插座、弹簧			1 套	19	蓄电池			1
10	金属软管			1					

2. 元器件的焊接与安装

1) LED 板元器件的焊接与安装

按照图 4.4.2(b)所示印制板正面所标示的元器件编号的位置,在图 4.4.2(a)所示印制板反面焊接所对应的元器件,具体焊接及安装顺序如下。

(1) 12 个发光二极管 $LED_1 \sim LED_{12}$(注意正负极性)。

(2) 焊接两根 LED 板电源引线,其中一根长红线焊接到图 4.4.2(a)中 L+处,一根长黄线焊接到图 4.4.2(a)中 L-处。

(3) 将金属软管两端分别插入灯罩和底座的相应位置,然后将 LED 板电源引线穿入金属软管。

(4) 将 LED 板装入灯罩后壳,如图 4.4.3(a)所示,然后将图 4.4.3(b)所示的灯罩前壳装入灯罩后壳,并用两个螺钉固定。

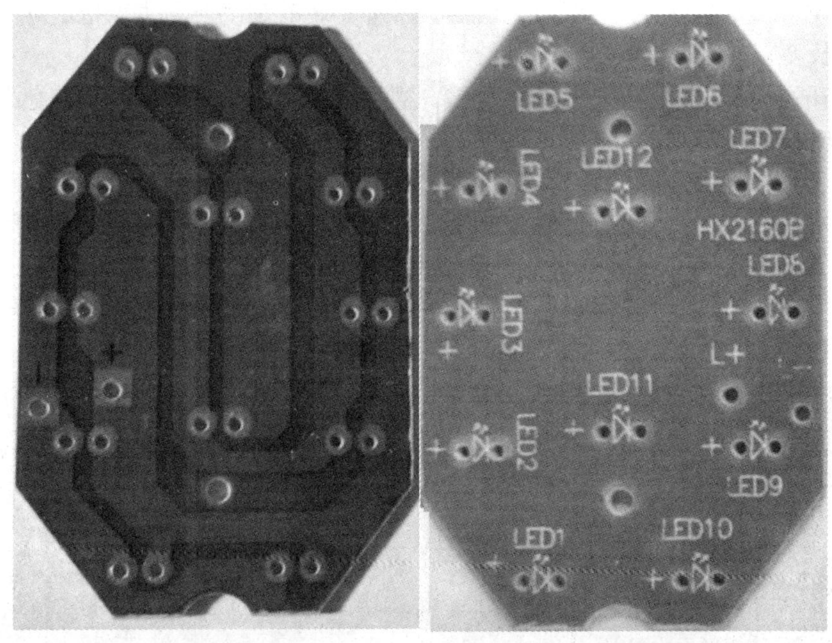

(a) 印制板的反面　　(b) 印制板的正面

图 4.4.2　LED 充电台灯的 LED 板

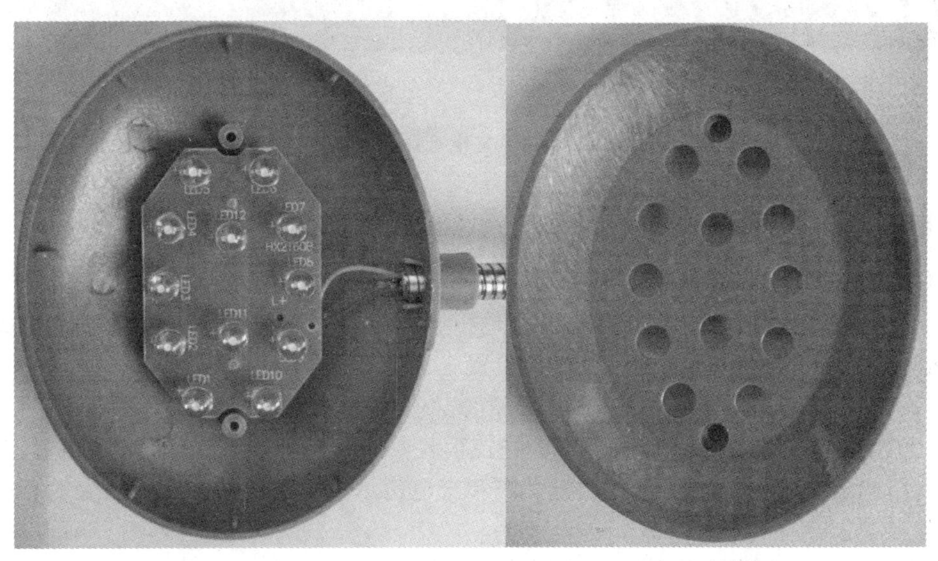

(a) 灯罩后壳及LED板　　(b) 灯罩前壳

图 4.4.3　灯头组件及安装

2) 主控板元器件的焊接与安装

按照图 4.4.4(b)所示印制板正面所标示的元器件编号的位置,在图 4.4.4(a)所示印制板反面焊接所对应的元器件,具体焊接及安装顺序如下。

(1) 电阻 R_1、R_2、R_3。

(2) 二极管 VD_1、VD_2、VD_3、VD_4(注意正负极性)。

(3) 发光二极管 LED(注意正负极性,且管脚安装的高度要与主壳指示灯孔配合留出合适的长度)。

(4) 开关 K_1(注意安装方向,自锁弹簧一面,即底部有缺口的一面面向红色发光管)。

(5) 电容 C_1。

(6) 将 LED 板电源引线从金属软管穿出,分别焊接到主控板上的 L + 和 L − 处。

(7) 将蓄电池上的正负电极镀一层锡,然后分别将两根黄、黑导线进行焊接,一头焊接到蓄电池的正负电极上,另一头分别焊接到主控板上的 B + 和 B − 处。

(8) 焊接两根红、黑导线,一头焊接到交流电源输入插头的两个金属片电极上,另一头分别焊接到主控板上的 AC1 和 AC2 处。

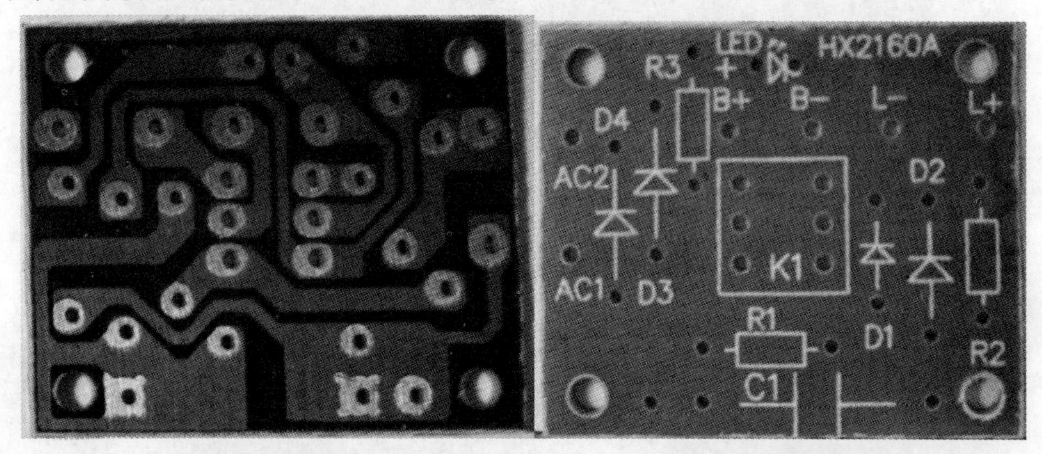

(a) 印制板的反面　　(b) 印制板的正面

图 4.4.4　LED 充电台灯的主控板

4.4.4　LED 充电台灯的总装及调试

1. 总装

(1) 充电插头的安装。将电源插头滑动按钮中装入小弹簧,然后将插头插入插头支架,装进台灯底座后壳中插头安装的相应位置。

(2) 按键开关帽的安装。将按键开关帽装入按键开关上。

(3) 主控板的安装。将 LED 台灯的主控板装入到台灯底座后壳中相应的位置,并用两个螺钉固定。需要注意的是,按键开关帽和充电指示灯分别要对准底座后壳的相应孔的位置。

(4) 蓄电池的安装。将蓄电池装到后壳电池框位置。

(5) 金属软管粘接。将金属软管两端分别插入台灯的底座和灯罩相应位置,用粘合剂粘接。

以上几项安装过程完成后,可以得到图 4.4.5 所示的 LED 充电台灯的底座示意图。

(6) 底座前壳的安装。将底座前壳装入底座后壳,并用 4 个螺钉固定。

组装后 LED 充电台灯的外观如图 4.4.6 所示,其后视图如图 4.4.7 所示。

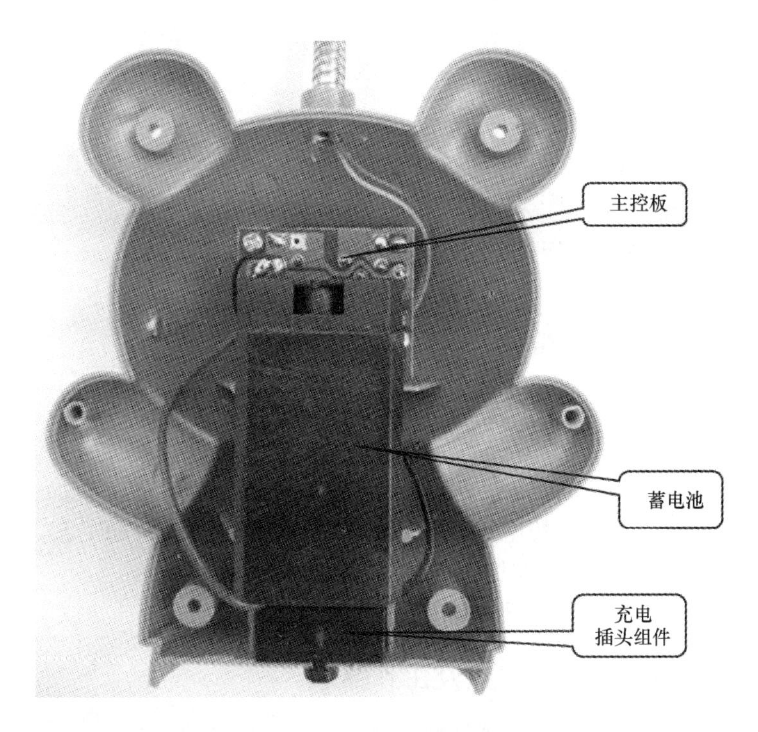

图 4.4.5　LED 充电台灯底座示意图

图 4.4.6　LED 充电台灯

图 4.4.7　LED 充电台灯后视图

2. 调试

整机装配后,需要检测产品的功能,分别如下。

(1) 充电插头完全推出,插入市电 2 孔插座充电,红色指示灯应该点亮,表示正在充电。

(2) 按下按键开关,12 个白色 LED 灯应该正常点亮。

若以上两项功能均能实现,则一台 LED 充电台灯的组装及调试工作即完成。

4.4.5 实习报告要求

(1) 实习目的。

(2) 简述 LED 充电台灯的工作原理。

(3) 简述 LED 充电台灯的安装步骤、调试过程及故障排除方法。

(4) 实习的意义、体会及相关建议。

4.5 无线遥控门铃的安装与调试

4.5.1 实习目的

(1) 了解无线遥控门铃的发射器、接收器电路的工作原理。

(2) 通过对无线遥控门铃的组装,掌握无线遥控门铃电路的装配工艺。

(3) 掌握常用电子元器件的识别及检测方法。

(4) 掌握无线遥控门铃的调试方法及故障检测方法。

4.5.2 无线遥控门铃的特点及工作原理

1. 产品特点

无线遥控门铃电路由编码信号发射和接收两部分组成,其可靠性、抗扰性优于传统门铃,正得到越来越广泛的应用。该门铃发射部分采用三极管多谐振荡器、脉冲调制发射及石英晶振稳频技术,具有发射距离远、工作性能稳定、静态功耗低等特点。

2. TC4069 芯片简介

TC4069 是 6 反相器,其内部结构和管脚分别如图 4.5.1 和图 4.5.2 所示。

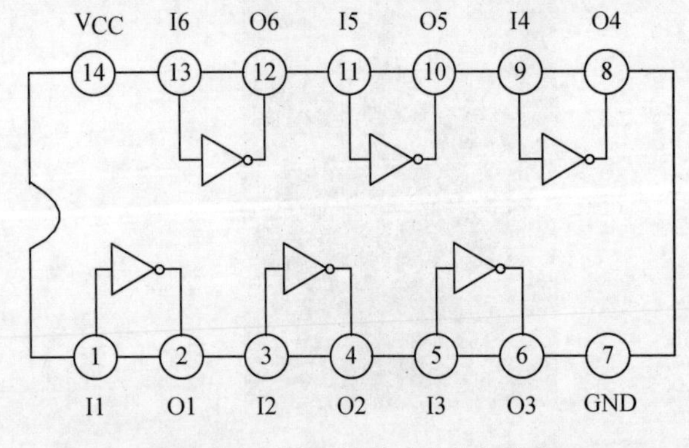

图 4.5.1 TC4069 芯片的内部结构

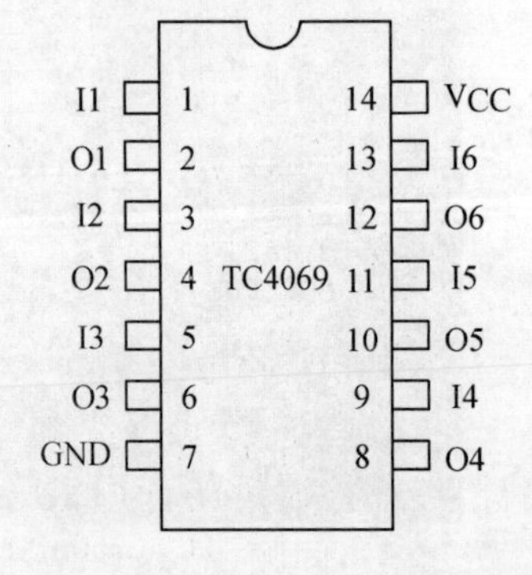

图 4.5.2 TC4069 芯片的管脚

3. TQ33A 芯片简介

TQ33A 芯片是一款应用在有线门铃、遥控无线门铃和可视门铃等场合的音乐集成芯片,可直接驱动喇叭发出不同音乐铃声。

4. 无线遥控门铃的工作原理

1) 无线遥控门铃发射器的工作原理

无线遥控门铃发射器的电路原理如图 4.5.3 所示。发射器电路由三极管 VT_2、VT_3

组成晶体稳频的多谐振荡器产生频率稳定的振荡信号，然后送给三极管 VT_1 进行选频放大，最后经环形天线发射出去。调节图 4.5.3 中的电感 L_2 的电感量，使发射器电路与接收器电路频率相近。

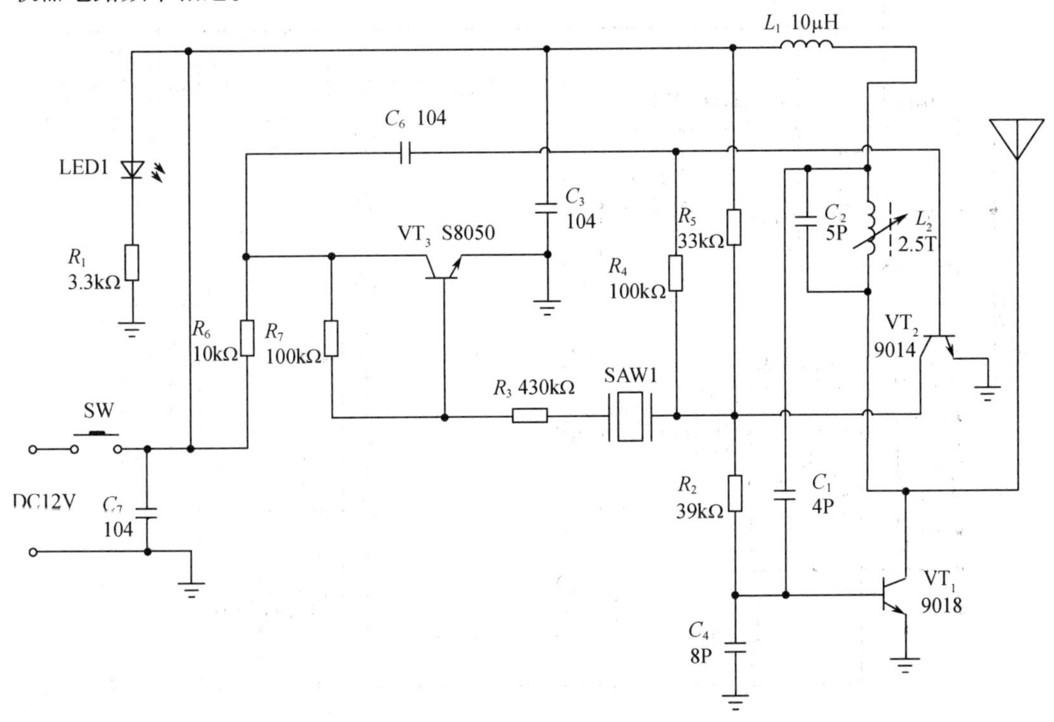

图 4.5.3　无线遥控门铃发射器的电路原理

2）无线遥控门铃接收器的工作原理

无线遥控门铃接收器的电路原理如图 4.5.4 所示。接收器电路由一块内部具有 6 个反相器的 TC4069 数字集成芯片组成。图 4.5.4 中，VT_1、L_2、C_{10}、C_9 为超再生振荡接收器，L_2 为绕制线圈，在直径 5mm 的骨架上绕制，用 0.51 漆包线绕 3 圈，骨架中间用铜芯调节。当 L_2 的振荡频率与发射器相同时，产生谐振，VT_1 的超再生信号就受发射器的调幅信号控制。L_1 为色环电感，阻止高频信号通过。超再生振荡电路具有自检波功能，检波后的调制信号在 R_5 上产生压降，经 R_3、C_6 送入 TC4069 进行放大，整形再放大，这由 TC4069 的第 1、5、6 这 3 个反相器（三级高增益放大器）完成，C_8 滤波滤除检波后的高频杂波，使用检波后的有用信号信噪比最大。经三级放大后的调制信号与发射器（低频 32.768kHz）同频，晶振 SAW 在电路中起选频作用，同频率的信号能顺利通过，滤除了许多外界信号的干扰，选频后的信号送入三极管 VT_2 放大整形，该信号的幅度还较低，经最后两级开路反相放大后输出等幅方波信号，最后触发 TQ33A 音乐集成芯片，使喇叭发出不同音乐铃声。

4.5.3　无线遥控门铃的安装与焊接

1. 清点材料及元器件识别

按照表 4.5.1 和表 4.5.2 所列的无线遥控门铃的发射板和接收板的元件清单对元器

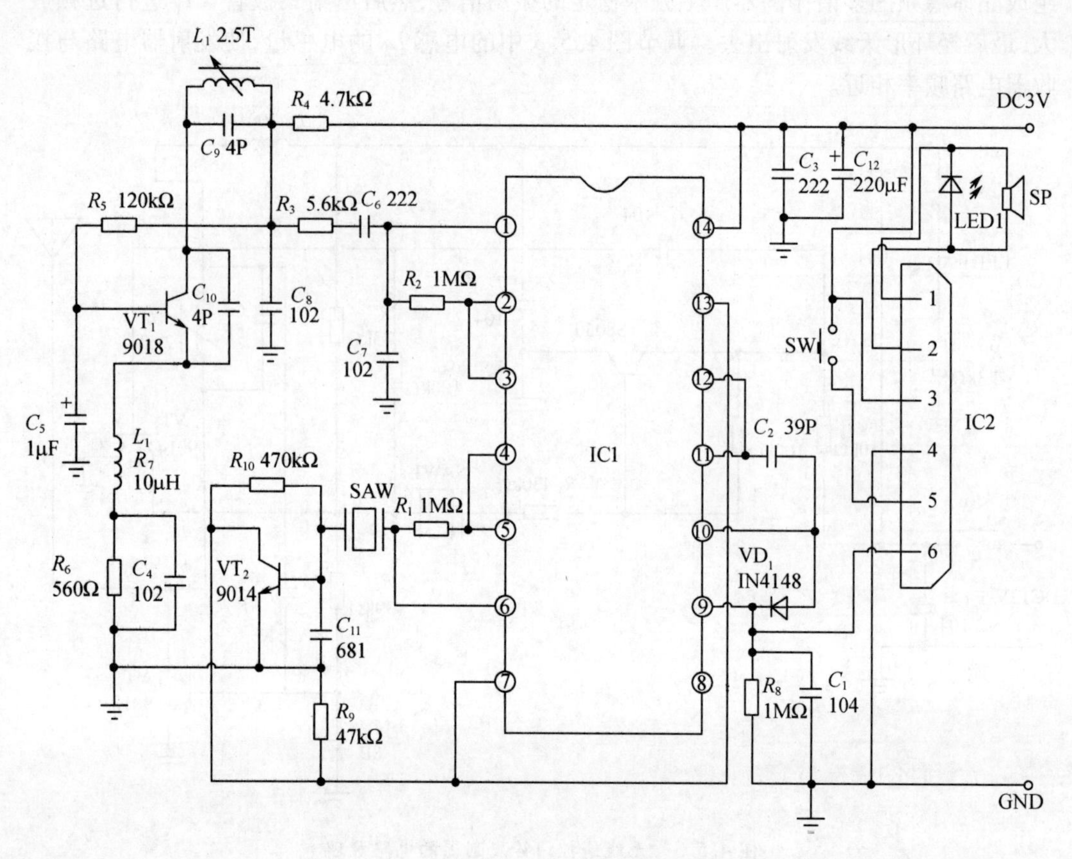

图 4.5.4　无线遥控门铃接收器的电路原理

件进行一一清点，记清每个元件的名称、外形及极性，清点完毕后将元器件放好，以免丢失。

表 4.5.1　无线遥控门铃发射板的元件清单

序号	名称	规格	符号	数量	序号	名称	规格	符号	数量
1	三极管	9018	VT_1	1	13	瓷片电容	8P	C_4	1
2	三极管	9014	VT_2	1	14	瓷片电容	104	C_3、C_6、C_7	3
3	三极管	8050	VT_3	1	15	电感	10μH	L_1	1
4	发光管	红	LED1	1	16	电感	2.5T	L_2	1
5	电阻	3.3kΩ	R_1	1	17	晶振	32.768kHz	SAW1	1
6	电阻	10kΩ	R_6	1	18	轻触开关	6×6×7.5	SW	1
7	电阻	33kΩ	R_5	1	19	自攻螺丝	1.5×3		2
8	电阻	39kΩ	R_2	1	20	线路板			1
9	电阻	100kΩ	R_4、R_7	2	21	外壳			1套
10	电阻	430kΩ	R_3	1	22	弹簧			1
11	瓷片电容	4P	C_1	1	23	正负极片			1套
12	瓷片电容	5P	C_2	1	24	12V 电池			1节

表 4.5.2 无线遥控门铃接收板的元件清单

序号	名称	规格	符号	数量	序号	名称	规格	符号	数量
1	IC	4069	IC1	1	17	瓷片电容	102	C_4、C_7、C_8	3
2	IC	TQ33A1	IC2	1	18	瓷片电容	222	C_3、C_6	2
3	三极管	9018	VT_1	1	19	瓷片电容	104	$C1$	1
4	三极管	9014	VT_2	1	20	电解电容	1μF	C_5	1
5	二极管	1N4148	VD_1	1	21	电解电容	220μF	C_{12}	1
6	发光管	红	LED1	1	22	电感	10μH	L_1	1
7	电阻	560Ω	R_6	1	23	电感	2.5T	L_2	1
8	电阻	4.7kΩ	R_4	1	24	晶振	32.768kHz	SAW	1
9	电阻	5.6kΩ	R_3	1	25	轻触开关		SW	1
10	电阻	47kΩ	R_9	1	26	自攻螺丝	2×6	外壳和底板各1个	2
11	电阻	120kΩ	R_5	1	27	导线	6cm		4
12	电阻	470kΩ	R_{10}	1	28	喇叭			1
13	电阻	1MΩ	R_1、R_2、R_8	3	29	线路板			1
14	瓷片电容	4P	C_9、C_{10}	2	30	外壳			1套
15	瓷片电容	39P	C_2	1	31	电池盖			1
16	瓷片电容	681	C_{11}	1	32	正负极片			1套

2. 元器件的焊接与安装

1）发射板元器件的焊接与安装

按照图 4.5.5(b)所示印制板正面所标示的元器件编号的位置，在图 4.5.5(a)所示印制板反面焊接所对应的元器件，具体焊接顺序如下。

(1) 电阻：R_1、R_4/R_7、R_3、R_5、R_6、R_2（电阻值需要一一对应）；电感：L_1。

(2) 电容：$C_3/C_6/C_7$、C_1、C_4、C_2（电容值需要一一对应）；电感：L_2。

(3) 发光二极管 LED1（注意正负极性）。

(4) 三极管 VT_1、VT_2、VT_3（三极管的型号需要一一对应，三极管极性不能弄错）。

(5) 按键 SW。

(6) 晶振 SAW1。

(7) 电池正负极片引线。

2）接收板元器件的焊接与安装

按照图 4.5.6(b)所示印制板正面所标示的元器件编号的位置，在图 4.5.6(a)所示印制板反面焊接所对应的元器件，具体焊接顺序如下。

(1) 电阻：$R_1/R_2/R_8$、R_3、R_4、R_5、R_6、R_9、R_{10}（电阻值需要一一对应）；电感：L_1。

(2) 瓷片电容：C_1、C_2、C_3/C_6、$C_4/C_7/C_8$、C_9/C_{10}、C_{11}（电容值需要一一对应）。

(3) 集成芯片 IC1（TC4069）。注意：集成芯片的方向不能放错，集成芯片上的缺口应和印制板正面 IC1 的缺口方向一致。

(4) 电感 L_2。

(5) 二极管 IN4148（注意正负极性），发光二极管 LED1（注意正负极性）。

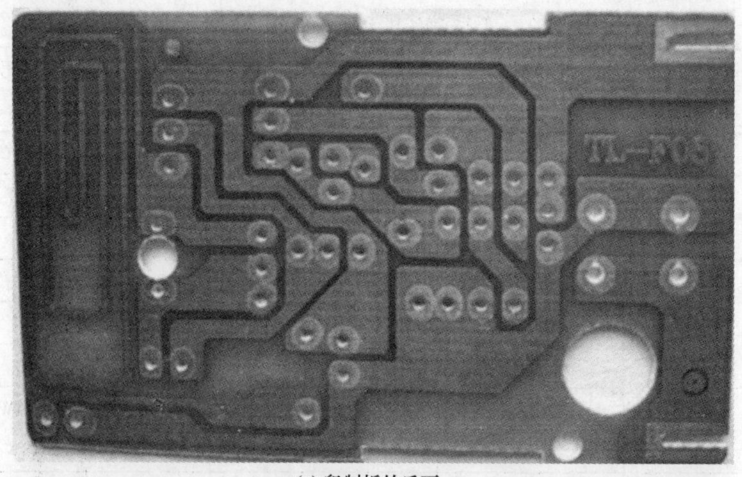

(a) 印制板的反面

(b) 印制板的正面

图 4.5.5　无线遥控门铃的发射板

(6) 电解电容 C_5、C_{12}(电容值需要对应,区分电容正负极性)。

(7) 三极管 VT_1、VT_2(三极管的型号需要一一对应,三极管极性不能弄错)。

(8) 按键 SW。

(9) 晶振 SAW。

(10) 集成芯片 IC2(TQ33A1)。

(11) 喇叭引线。

(12) 电池正负极片引线。

4.5.4　无线遥控门铃的调试及总装

1. 调试

(1) 所有元器件焊接完成后目视检查。

元器件:型号、规格、数量及安装位置,方向是否与图纸符合。

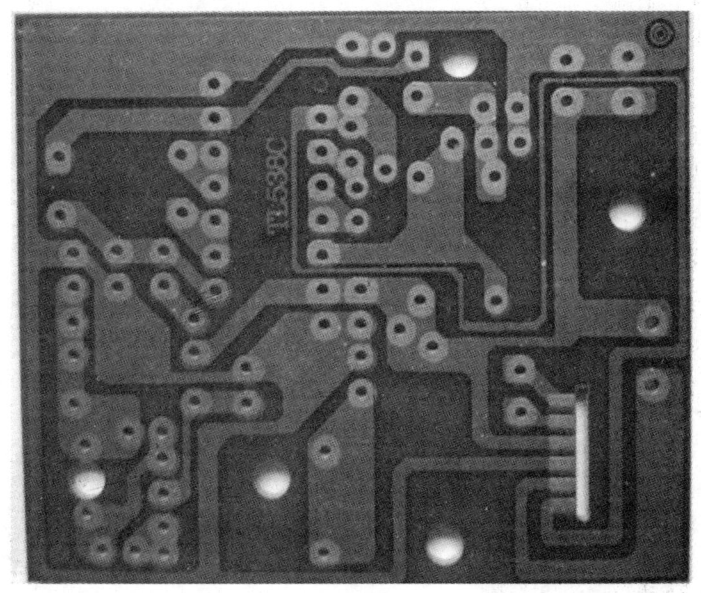

(a) 印制板的反面

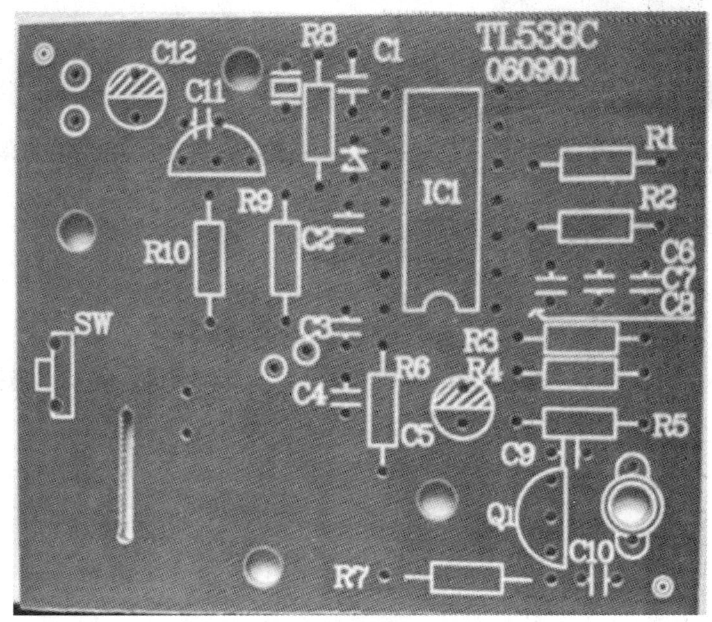

(b) 印制板的正面

图 4.5.6 无线遥控门铃的接收板

焊点检查:有无虚焊、漏焊、桥接、飞溅等缺陷。

(2) 分别装上无线遥控门铃的发射板和接收板上的电池。

(3) 按下无线遥控门铃发射板上的按键 SW,对应的发光管 LED1 应该点亮。

(4) 按下无线遥控门铃接收板上的按键 SW,对应的发光管 LED1 应该点亮,同时喇叭发出声音。

(5) 按下无线遥控门铃发射板上的按键 SW,接收板上的 LED1 应该点亮,同时喇叭发出声音。

2. 总装

若以上(3)、(4)、(5)3 项均调试成功后,则进行最后的总装,分别如下。

(1) 无线遥控门铃发射板的安装,无线遥控门铃发射器外壳的安装。安装好的无线遥控门铃发射器的外观如图 4.5.7 所示。

(2) 无线遥控门铃接收板的安装,无线遥控门铃接收器外壳的安装。安装好的无线遥控门铃接收器的外观如图 4.5.8 所示。

图 4.5.7 无线遥控门铃的发射器

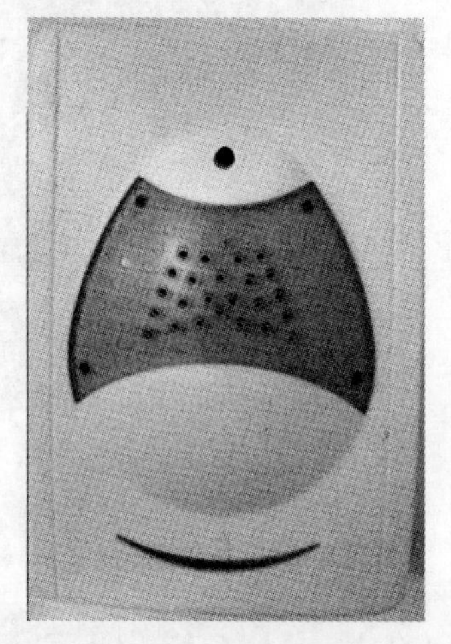

图 4.5.8 无线遥控门铃的接收器

4.5.5 实习报告要求

(1) 实习目的。

(2) 简述无线遥控门铃的发射器、接收器的工作原理。

(3) 简述无线遥控门铃的发射器、接收器的安装步骤、调试过程及故障排除方法。

(4) 实习的意义、体会及相关建议。

参 考 文 献

[1] 魏晓慧,肖瑞,等. 电子工艺技能实训[M]. 北京:科学出版社,2011.
[2] 肖俊武,肖飞,李雪莲. 电工电子实训[M]. 2版. 北京:电子工业出版社,2009.
[3] 王湘江,唐如龙,等. 电工电子实习教程[M]. 长沙:中南大学出版社,2014.
[4] 刘美华,周惠芳,唐如龙. 电工电子实训[M]. 北京:高等教育出版社,2014.
[5] 赵京,熊莹. 电工电子技术实训教程[M]. 北京:电子工业出版社,2015.
[6] 薛向东,黄种明. 电工电子实训教程[M]. 北京:电子工业出版社,2014.
[7] 陈世和,唐如龙,等. 电工电子实训教程[M]. 北京:北京航空航天大学出版社,2011.
[8] 张福阳. 电工电子实训[M]. 北京:高等教育出版社,2013.
[9] 陈学平,童世华. 电子技能实训教程[M]. 北京:电子工业出版社,2013.
[10] 王天曦,王豫明,杨兴华. 电子工艺实习[M]. 北京:电子工业出版社,2013.
[11] 吴新开,邹小金,等. 电子技术实习教程[M]. 长沙:中南大学出版社,2013.
[12] 韩雪涛,韩广兴,吴瑛,等. 电子产品装配技术与技能实训[M]. 北京:电子工业出版社,2012.
[13] 朱朝霞. 电子技术实训[M]. 北京:清华大学出版社,2014.